Macmillan/McGraw-Hill

Matemáticas

Manual de transición

Puente de refuerzo

¿Qué necesito saber?

Destrezas en acción

¡Tú puedes!

5

Macmillan McGraw-Hill
New York Farmington

Macmillan/McGraw-Hill

A Division of The McGraw·Hill Companies

Macmillan/McGraw-Hill
Two Penn Plaza
New York, New York 10121-2298

Printed in the United States of America
ISBN 0-02-111567-2/5
1 2 3 4 5 6 7 8 9 005 05 04 03 02 01

GRADO 5
Contenido

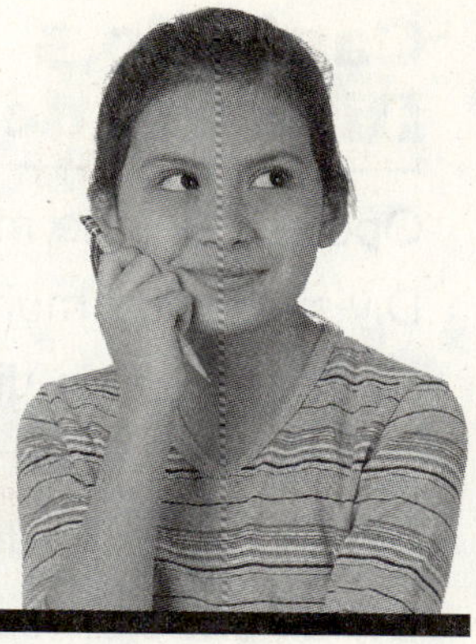

Capítulo 3
División de números enteros y decimales

Capítulo 4
Datos, estadísticas y gráficas

Capítulo 5
Teoría de los números y concepto de fracción

Capítulo 6
Suma y resta de fracciones

Capítulo 7
Multiplicación y división de fracciones

Capítulo 8
Medidas

Capítulo 9
Números enteros

Capítulo 10
Álgebra: Expresiones y ecuaciones

Capítulo 11
Geometría

Capítulo 12
Perímetro, área y volumen

Capítulo 13
Razones y probabilidad

Capítulo 14
Porcentaje

Un vistazo

Bienvenido al *Manual de transición: Puente de refuerzo,* del programa Macmillan/McGraw-Hill • Matemáticas. Esperamos que disfrutes con este manual y que te sirva de ayuda para mejorar tus destrezas matemáticas.

Tu maestro o maestra te asignará las lecciones de *Destrezas en acción* de este manual, basándose en el trabajo que hagas con unas páginas que te dará, llamadas *¿Qué necesito saber?*

Cada página de *Destrezas en acción* empieza con la sección *Aprende*, en la que un estudiante se pregunta *¿Qué puedo hacer?* para aprender una determinada destreza matemática. Luego se ofrece una explicación paso por paso, y una o más estrategias de refuerzo.

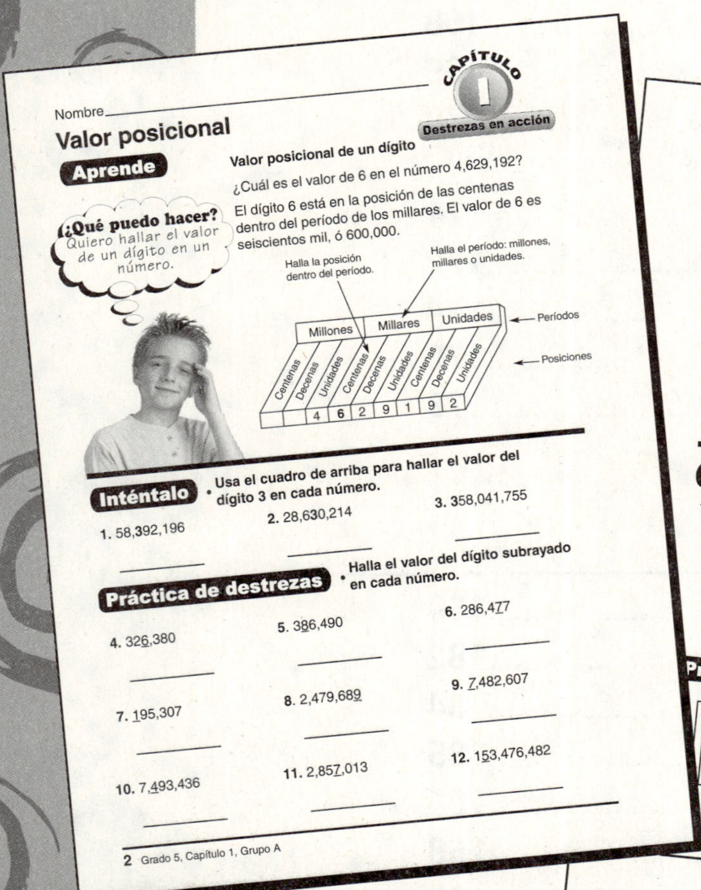
Nombre________

CAPÍTULO 1 Destrezas en acción

Valor posicional

Aprende

¿Qué puedo hacer? Quiero hallar el valor de un dígito en un número.

Valor posicional de un dígito

¿Cuál es el valor de 6 en el número 4,629,192?

El dígito 6 está en la posición de las centenas dentro del período de los millares. El valor de 6 es seiscientos mil, ó 600,000.

Halla la posición dentro del período.

Halla el período: millones, millares o unidades.

Millones			Millares			Unidades		
Centenas	Decenas	Unidades	Centenas	Decenas	Unidades	Centenas	Decenas	Unidades
		4	6	2	9	1	9	2

Períodos

Posiciones

Inténtalo • Usa el cuadro de arriba para hallar el valor del dígito 3 en cada número.

1. 58,392,196
2. 28,630,214
3. 358,041,755

Práctica de destrezas • Halla el valor del dígito subrayado en cada número.

4. 326,380
5. 386,490
6. 286,477
7. 195,307
8. 2,479,689
9. 7,482,607
10. 7,493,436
11. 2,857,013
12. 153,476,482

2 Grado 5, Capítulo 1, Grupo A

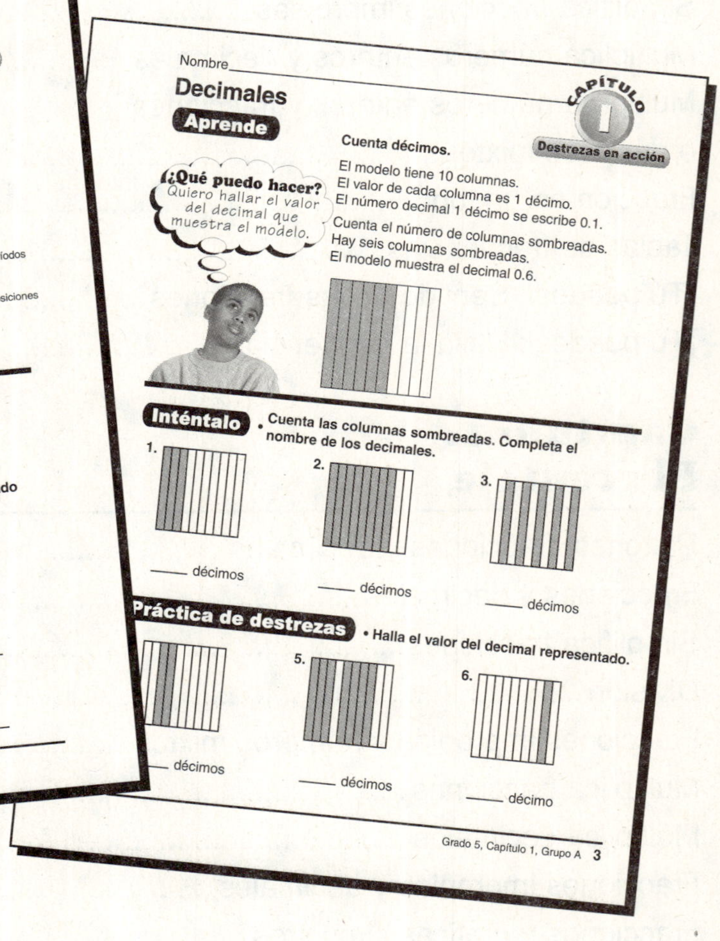
Nombre________

Decimales

CAPÍTULO 1 Destrezas en acción

Aprende

¿Qué puedo hacer? Quiero hallar el valor del decimal que muestra el modelo.

Cuenta décimos.

El modelo tiene 10 columnas.
El valor de cada columna es 1 décimo.
El número decimal 1 décimo se escribe 0.1.

Cuenta el número de columnas sombreadas.
Hay seis columnas sombreadas.
El modelo muestra el decimal 0.6.

Inténtalo • Cuenta las columnas sombreadas. Completa el nombre de los decimales.

1. ____ décimos
2. ____ décimos
3. ____ décimos

Práctica de destrezas • Halla el valor del decimal representado.

____ décimos

5. ____ décimos

6. ____ décimo

Grado 5, Capítulo 1, Grupo A 3

al manual

La sección *Inténtalo* te da la oportunidad de practicar las estrategias. A menudo, en los ejercicios de esta sección hay pistas o ayudas para comenzar.

La sección *Práctica de destrezas* te ofrece muchas oportunidades de practicar las destrezas. Eso te ayudará a resolver con éxito los problemas que encontrarás en el capítulo correspondiente de tu libro de texto.

En los capítulos se incluye una sección llamada *Aprende en la escuela y en el hogar*. Esta actividad te permitirá practicar una destreza matemática en forma de juego, ya sea en casa con tus padres o hermanos, o en la escuela con un compañero o una compañera.

Tu maestro o maestra puede asignarte una actividad de *¡Tú puedes!* Los rompecabezas, códigos y acertijos incluidos en estas actividades te ofrecen una experiencia matemática diferente y entretenida.

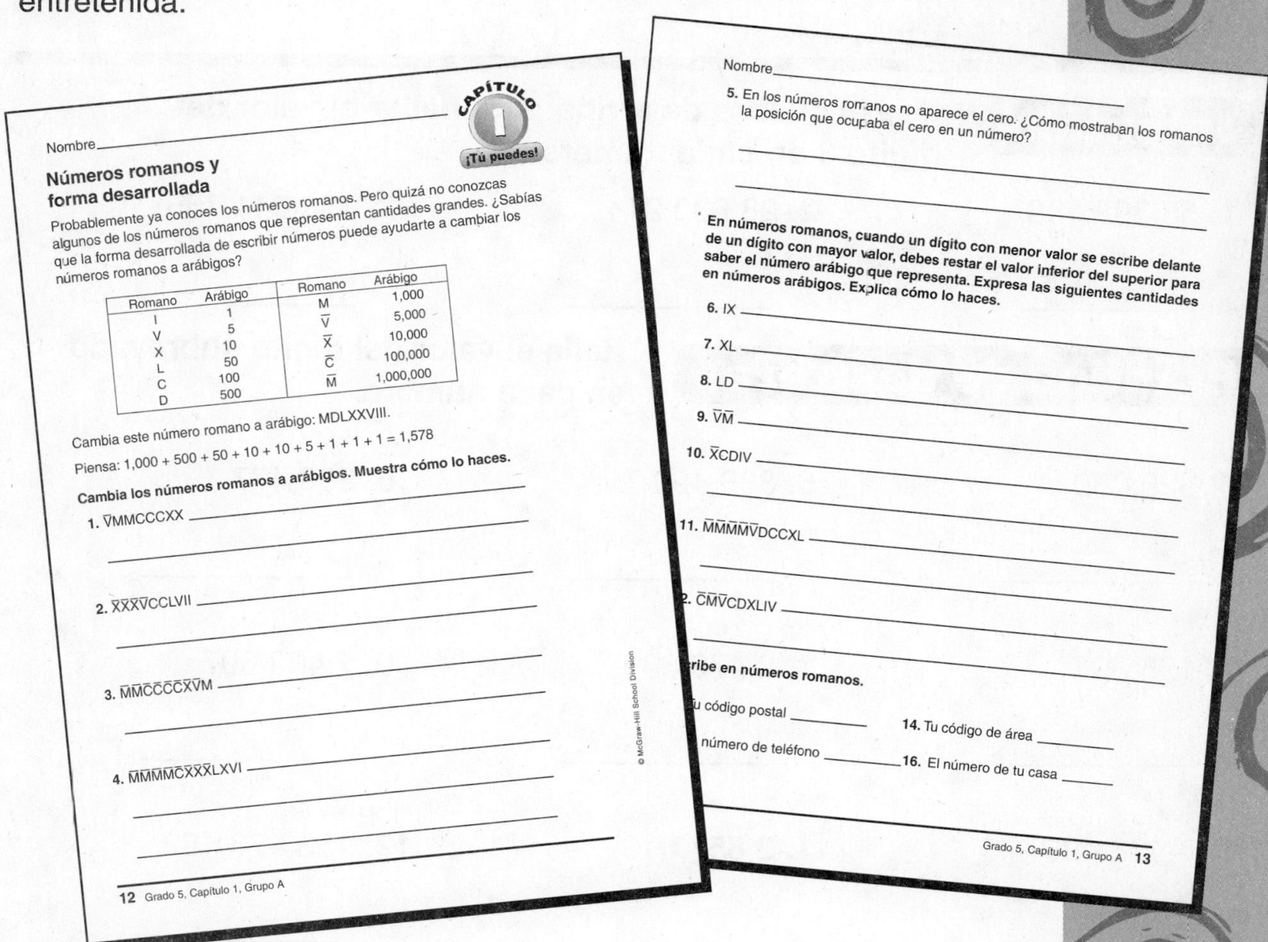

Nombre

CAPÍTULO 1 ¡Tú puedes!

Números romanos y forma desarrollada

Probablemente ya conoces los números romanos. Pero quizá no conozcas algunos de los números romanos que representan cantidades grandes. ¿Sabías que la forma desarrollada de escribir números puede ayudarte a cambiar los números romanos a arábigos?

Romano	Arábigo	Romano	Arábigo
I	1	M	1,000
V	5	$\overline{V}$	5,000
X	10	$\overline{X}$	10,000
L	50	$\overline{C}$	100,000
C	100	$\overline{M}$	1,000,000
D	500		

Cambia este número romano a arábigo: MDLXXVIII.

Piensa: 1,000 + 500 + 50 + 10 + 10 + 5 + 1 + 1 + 1 = 1,578

Cambia los números romanos a arábigos. Muestra cómo lo haces.

1. $\overline{V}$MMCCCXX

2. $\overline{XXXV}$CCLVII

3. $\overline{MMCCCCXV}$M

4. $\overline{MMMMCXXX}$LXVI

© McGraw-Hill School Division

12 Grado 5, Capítulo 1, Grupo A

Nombre

5. En los números romanos no aparece el cero. ¿Cómo mostraban los romanos la posición que ocupaba el cero en un número?

En números romanos, cuando un dígito con menor valor se escribe delante de un dígito con mayor valor, debes restar el valor inferior del superior para saber el número arábigo que representa. Expresa las siguientes cantidades en números arábigos. Explica cómo lo haces.

6. IX

7. XL

8. LD

9. $\overline{VM}$

10. $\overline{X}$CDIV

11. $\overline{MMMMV}$DCCXL

2. $\overline{CMV}$CDXLIV

ribe en números romanos.

u código postal

14. Tu código de área

número de teléfono

16. El número de tu casa

Grado 5, Capítulo 1, Grupo A 13

Esperamos que tus experiencias matemáticas a lo largo de este año sean satisfactorias y exitosas.

Nombre ____

CAPÍTULO 1

Destrezas en acción

Valor posicional

Aprende

Valor posicional de un dígito

¿Qué puedo hacer? Quiero hallar el valor de un dígito en un número.

¿Cuál es el valor de 6 en el número 4,629,192?

El dígito 6 está en la posición de las centenas dentro del período de los millares. El valor de 6 es seiscientos mil, ó 600,000.

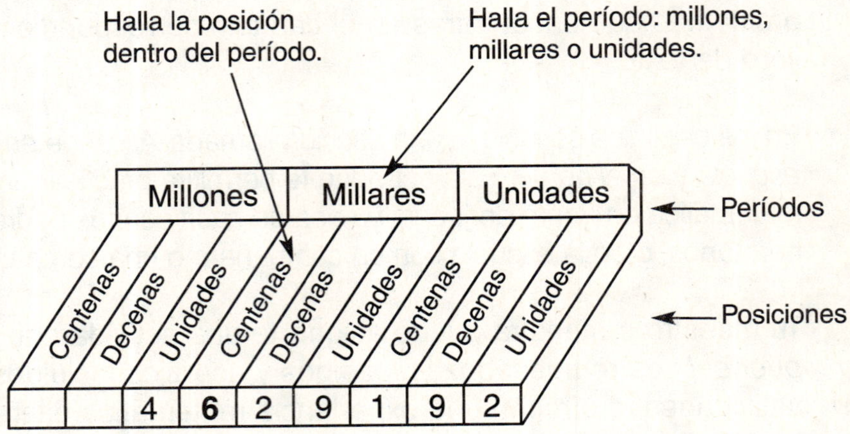

Inténtalo

• **Usa el cuadro de arriba para hallar el valor del dígito 3 en cada número.**

1. 58,**3**92,196 ____________

2. 28,6**3**0,214 ____________

3. **3**58,041,755 ____________

Práctica de destrezas

• **Halla el valor del dígito subrayado en cada número.**

4. 32<u>6</u>,380 ____________

5. 3<u>8</u>6,490 ____________

6. 286,4<u>7</u>7 ____________

7. <u>1</u>95,307 ____________

8. 2,479,68<u>9</u> ____________

9. <u>7</u>,482,607 ____________

10. 7,<u>4</u>93,436 ____________

11. 2,85<u>7</u>,013 ____________

12. 1<u>5</u>3,476,482 ____________

Nombre ______________________________

CAPÍTULO 1

Destrezas en acción

Decimales

Aprende

Cuenta décimos.

El modelo tiene 10 columnas.
El valor de cada columna es 1 décimo.
El número decimal 1 décimo se escribe 0.1.

Cuenta el número de columnas sombreadas.
Hay seis columnas sombreadas.
El modelo muestra el decimal 0.6.

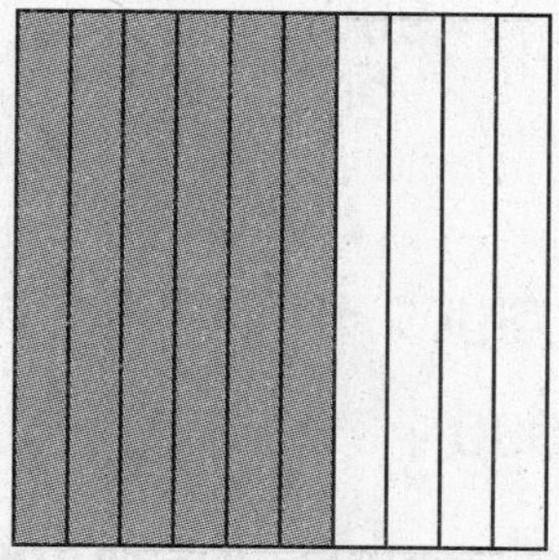

Inténtalo

• **Cuenta las columnas sombreadas. Completa el nombre de los decimales.**

1.

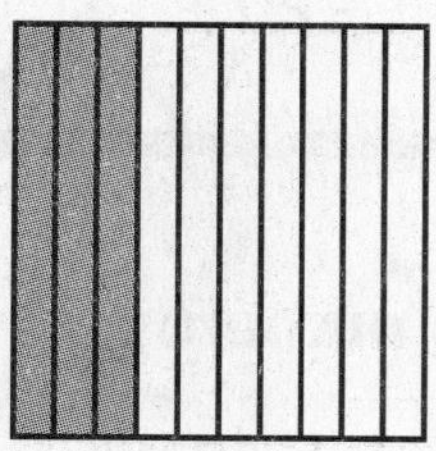

______ décimos

2.

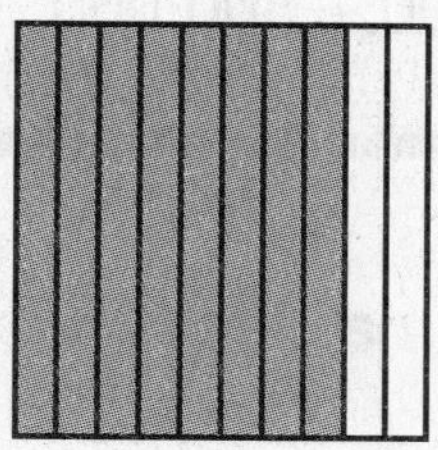

______ décimos

3.

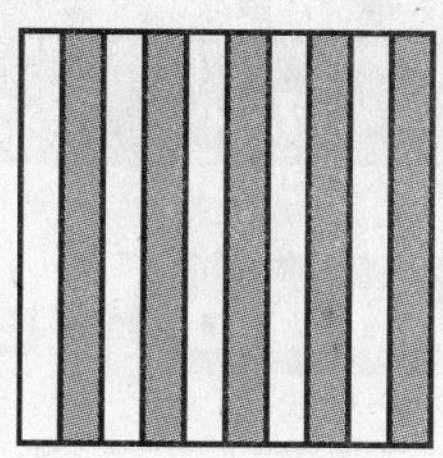

______ décimos

Práctica de destrezas

• **Halla el valor del decimal representado.**

4.

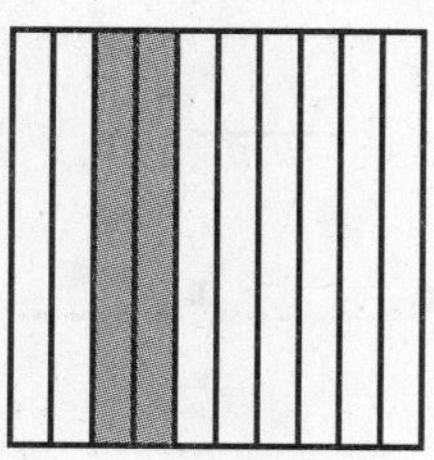

______ décimos

5.

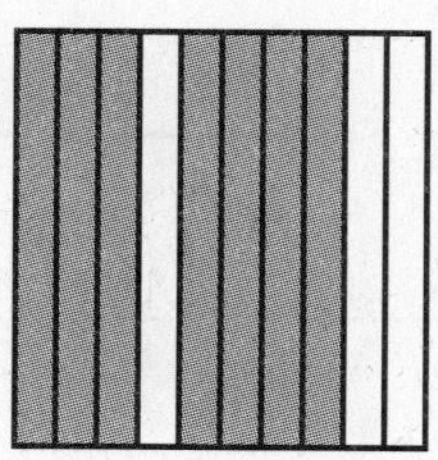

______ décimos

6.

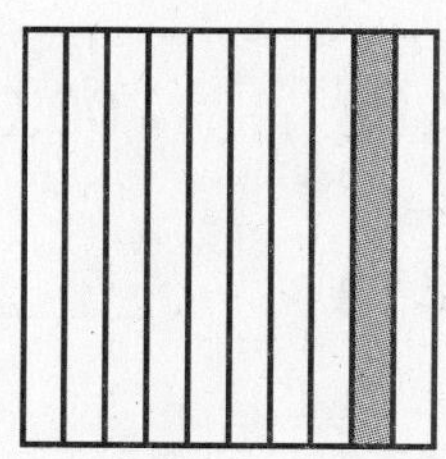

______ décimo

Nombre ______________________________

CAPÍTULO 1

Destrezas en acción

Forma desarrollada

Aprende

¿Qué puedo hacer?
Quiero escribir un número en forma desarrollada.

Usa el valor posicional de cada dígito.

Escribe el valor de cada dígito del número 4,745,925.

4,000,000
700,000
40,000
5,000
900
20
5

Usa el signo + entre los números para mostrar la suma.

4,000,000 + 700,000 + 40,000 + 5,000 + 900 + 20 + 5

Escribe siempre los números en orden de mayor a menor.

Si el valor de un dígito es cero, no lo escribas.

6,350,621 =
6,000,000 + 300,000 + 50,000 + 600 + 20 + 1

Inténtalo

• **Escribe la forma desarrollada de estos números.**

1. 24,746 20,000 + 4,000 + ______ + 40 + ____

2. 52,956 50,000 + ______ + 900 + ____ + ____

3. 93,725 ______ + ______ + ______ + 20 + 5

4. 745,398 700,000 + ______ + ______ + ______ + ____ + ____

5. 386,413 ______ + ______ + ______ + ______ + ____ + ____

6. 946,363 ______ + ______ + ______ + ______ + ____ + ____

Nombre ____________________

¿Qué valores posicionales no se incluirían al escribir la forma desarrollada de los siguientes números?

7. 74,015 ______ **8.** 95,320 ______ **9.** 80,472 ______ **10.** 104,734 ______

11. 540,286 ______ **12.** 30,476,227 ______ **13.** 601,745,112 ______ **14.** 943,205,116 ______

Práctica de destrezas

• **Escribe la forma desarrollada de estos números.**

15. 47,296 ____________________

16. 37,503 ____________________

17. 94,573 ____________________

18. 386,306 ____________________

19. 328,485 ____________________

20. 749,680 ____________________

21. 854,307 ____________________

22. 116,483 ____________________

23. 897,337 ____________________

24. 5,496,753 ____________________

25. 4,386,597 ____________________

26. 9,657,319 ____________________

27. 46,043,865 ____________________

Nombre ______________________________

CAPÍTULO 1

Destrezas en acción

Compara números

Aprende

Usa una recta numérica.

Busca cada número en una recta numérica.

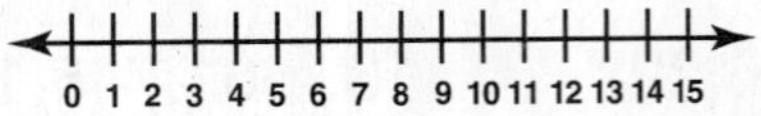

El número que está a la derecha es mayor que el número que está a la izquierda.

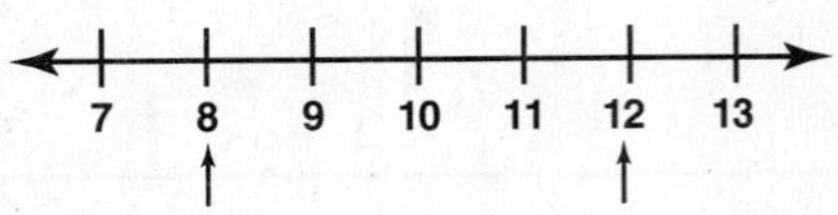

Por lo tanto, 12 es mayor que 8.

Escribe: 12 > 8.

Usa el valor posicional.

Mira el primer dígito a la izquierda de cada número.

541 **7**28

Como 5 es menor que 7, 541 es menor que 728.

541 < 728

Si los dígitos de la izquierda son iguales, mira los que están a la derecha de los primeros.

6**8**9 6**2**4

Como 8 es mayor que 2, 689 es mayor que 624.

689 > 624

Inténtalo

• **Usa la recta numérica. Compara los números y escribe >, < ó =.**

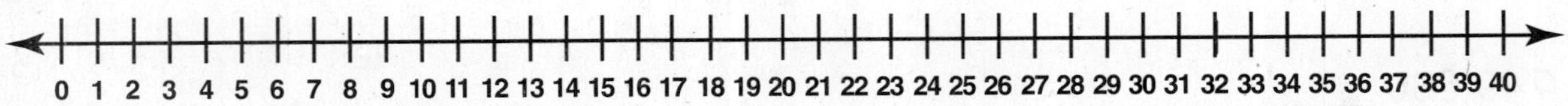

1. 38 _____ 40 **2.** 35 _____ 23 **3.** 12 _____ 27

4. 36 _____ 39 **5.** 24 _____ 16 **6.** 40 _____ 38

7. 25 _____ 28 **8.** 33 _____ 26 **9.** 16 _____ 8

Usa el valor posicional. Empieza por la izquierda. Compara y escribe >, < ó =.

10. **4**6 _____ **5**1 **11.** **7**3 _____ **8**5 **12.** **9**1 _____ **3**7

13. 1**9**3 _____ 1**8**4 **14.** **2**77 _____ **3**91 **15.** 44**4** _____ 44**1**

16. 2,8**5**6 _____ 2,8**9**0 **17.** 5,318 _____ 5,318 **18.** 7,**2**51 _____ 7,**5**21

Nombre ______________________________

Práctica de destrezas

• Compara los números. Escribe >, < ó =.

19. 78 _____ 45 **20.** 56 _____ 65 **21.** 39 _____ 42

22. 203 _____ 196 **23.** 308 _____ 304 **24.** 628 _____ 628

25. 1,956 _____ 1,963 **26.** 4,879 _____ 4,859 **27.** 3,854 _____ 3,954

28. 2,748 _____ 2,748 **29.** 1,680 _____ 1,694 **30.** 74,980 _____ 73,980

31. 8,943 _____ 8,929 **32.** 4,210 _____ 4,212 **33.** 60,453 _____ 60,453

34. 48,296 _____ 38,296

35. 62,597 _____ 62,579

36. 38,035 _____ 38,132

37. 35,867 _____ 35,861

38. 50,425 _____ 51,999

39. 42,658 _____ 42,682

40. 26,621 _____ 26,612

41. 81,963 _____ 81,938

42. 65,620 _____ 66,619

43. 14,101 _____ 14,001

44. 9,673_____ 10,967

45. 10,742 _____ 10,839

Aprende en la escuela y en el hogar

¡Muestra y gana!

En este juego aprenderás a comparar números.

- Necesitas tarjetas. Escribe los números del 1 al 100, uno en cada tarjeta.
- Baraja bien las tarjetas y reparte 10 a cada jugador. Coloca las demás boca abajo en el centro de la mesa.
- Los jugadores eligen una de sus tarjetas y ambos las colocan al mismo tiempo sobre la mesa. El que muestra el número mayor se queda con las dos tarjetas.
- Si los números son iguales los jugadores muestran otras tarjetas hasta que uno de ellos gana. Cuando un jugador se queda sin tarjetas, toma otras 10 del montón. Se juega hasta que un jugador tiene todas las tarjetas.

Nombre ______________________________

CAPÍTULO 1
Destrezas en acción

Suma y resta

Aprende

¿Qué puedo hacer?
Quiero sumar y restar números de 2 dígitos.

Suma.

Suma de derecha a izquierda. Primero suma las unidades.

$$\begin{array}{r} 45 \\ +\ 27 \\ \hline 12 \end{array}$$

Si es necesario, reagrupa las unidades de decena, sobre las decenas.

$$\begin{array}{r} ^{1}\ \ \\ 45 \\ +\ 27 \\ \hline 2 \end{array}$$

Suma las decenas. Acuérdate de sumar la decena que reagrupaste.

$$\begin{array}{r} ^{1}\ \ \\ 45 \\ +\ 27 \\ \hline 72 \end{array}$$

Resta.

Resta de derecha a izquierda. Primero resta las unidades. Reagrupa si es necesario.

$$\begin{array}{r} ^{5\ 13} \\ \not{6}3 \\ -\ 37 \\ \hline 6 \end{array}$$

Resta las decenas. Acuérdate de usar el número correcto si reagrupaste para restar las unidades.

$$\begin{array}{r} ^{5\ 13} \\ \not{6}3 \\ -\ 37 \\ \hline 26 \end{array}$$

Inténtalo

• **Usa operaciones de suma para hallar el total.**

1. $\begin{array}{r} 34 \\ +\ 15 \\ \hline \end{array}$
2. $\begin{array}{r} 51 \\ +\ 35 \\ \hline \end{array}$
3. $\begin{array}{r} 62 \\ +\ 24 \\ \hline \end{array}$
4. $\begin{array}{r} 80 \\ +\ 16 \\ \hline \end{array}$
5. $\begin{array}{r} 65 \\ +\ 29 \\ \hline \end{array}$
6. $\begin{array}{r} 38 \\ +\ 44 \\ \hline \end{array}$
7. $\begin{array}{r} 73 \\ +\ 19 \\ \hline \end{array}$
8. $\begin{array}{r} 59 \\ +\ 34 \\ \hline \end{array}$

9. 14 + 32 = _____
10. 74 + 51 = _____
11. 66 + 37 = _____
12. 28 + 77 = _____
13. 57 + 93 = _____
14. 46 + 29 = _____

Nombre ____________________

Usa operaciones de resta para hallar la diferencia.

15. 78 − 32 = ____

16. 88 − 57 = ____

17. 59 − 39 = ____

18. 96 − 48 = ____

19. 63 − 28 = ____

20. 70 − 34 = ____

21. 91 − 56 = ____

22. 72 − 17 = ____

23. 47 – 26 = ____

24. 87 – 53 = ____

25. 94 – 77 = ____

26. 60 – 17 = ____

27. 55 – 28 = ____

28. 83 – 49 = ____

Práctica de destrezas

• **Resuelve.**

29. 41 + 35 = ____

30. 88 − 54 = ____

31. 97 − 23 = ____

32. 52 + 35 = ____

33. 82 − 45 = ____

34. 91 + 66 = ____

35. 74 − 39 = ____

36. 76 + 58 = ____

37. 63 – 34 = ____

38. 29 + 65 = ____

39. 70 – 42 = ____

40. 58 + 39 = ____

41. 85 + 48 = ____

42. 39 + 97 = ____

43. 80 – 36 = ____

44. 66 – 27 = ____

45. 79 + 50 = ____

Nombre ____

CAPÍTULO 1
Destrezas en acción

Redondeo de números enteros

Aprende

¿Qué puedo hacer?
Quiero redondear un número a una posición determinada.

Usa el valor posicional.

Para redondear a la decena de millar más cercana, busca el dígito en la posición de las decenas de millar.

978,343

En este número, el dígito en la posición de las decenas de millar es 7.

Mira el dígito que está a su derecha.

Si este dígito es 5, o mayor que 5, redondea hacia arriba.

Si es menor que 5, redondea hacia abajo.

El dígito a la derecha del 7 es 8, que es mayor que 5. Redondea hacia arriba.

980,000

Inténtalo

Usa el valor posicional. Redondea los números a la posición del dígito subrayado.

1. $53\underline{8},605$ ______ **2.** $2\underline{2}7,681$ ______ **3.** $82\underline{4},114$ ______ **4.** $9\underline{4}5,721$ ______

5. $\underline{7}45,935$ ______ **6.** $99\underline{4},210$ ______ **7.** $\underline{9}56,327$ ______ **8.** $1\underline{8}5,689$ ______

9. $762,\underline{4}86$ ______ **10.** $895,\underline{6}29$ ______ **11.** $\underline{1},346,398$ ______ **12.** $6,\underline{3}72,768$ ______

13. $60\underline{4},972$ ______ **14.** $3,5\underline{7}2,820$ ______ **15.** $\underline{5},793,461$ ______ **16.** $8,621,\underline{5}36$ ______

Nombre ____

Práctica de destrezas

• **Redondea los números a la posición del dígito subrayado.**

17. 648,$\underline{6}$12 ________

18. $\underline{4}$89,761 ________

19. 8$\underline{5}$6,803 ________

20. 40$\underline{2}$,345 ________

21. $\underline{2}$,465,856 ________

22. 8,5$\underline{4}$3,856 ________

23. 7,32$\underline{1}$,388 ________

24. 5,3$\underline{8}$7,513 ________

25. 8,$\underline{6}$41,045 ________

26. 5,5$\underline{5}$8,935 ________

27. 7,53$\underline{4}$,870 ________

28. 5,$\underline{7}$23,659 ________

29. $\underline{4}$2,547,661 ________

30. 85,2$\underline{4}$7,499 ________

31. 69,$\underline{0}$45,325 ________

32. 38,6$\underline{5}$7,391 ________

33. $\underline{7}$68,945,321 ________

34. 756,$\underline{8}$73,456 ________

35. 4$\underline{5}$9,327,654 ________

36. $\underline{7}$45,879,321 ________

Aprende en la escuela y en el hogar

Redondeo sobre ruedas

Practica el redondeo de números enteros con este juego cuando vayas en auto o camines por un estacionamiento.

- Busca una matrícula de al menos 4 números seguidos.
- Los jugadores ganan un punto si redondean el número a la posición del primer dígito empezando por la izquierda. Ganan dos puntos si también lo redondean a la posición del segundo dígito.
- También puedes jugar con números de teléfono de tus amigos o de la guía telefónica.

Nombre ____________________

CAPÍTULO 1
¡Tú puedes!

Números romanos y forma desarrollada

Probablemente ya conoces los números romanos. Pero quizá no conozcas algunos de los números romanos que representan cantidades grandes. ¿Sabías que la forma desarrollada de escribir números puede ayudarte a cambiar los números romanos a arábigos?

Romano	Arábigo	Romano	Arábigo
I	1	M	1,000
V	5	$\overline{V}$	5,000
X	10	$\overline{X}$	10,000
L	50	$\overline{C}$	100,000
C	100	$\overline{M}$	1,000,000
D	500		

Cambia este número romano a arábigo: MDLXXVIII.

Piensa: 1,000 + 500 + 50 + 10 + 10 + 5 + 1 + 1 + 1 = 1,578

Cambia los números romanos a arábigos. Muestra cómo lo haces.

1. $\overline{V}$MMCCCXX ____________________

____

2. $\overline{X}\overline{X}\overline{X}\overline{V}$CCLVII ____________________

____

3. $\overline{M}\overline{M}\overline{C}\overline{C}\overline{C}\overline{X}\overline{V}$M ____________________

____

4. $\overline{M}\overline{M}\overline{M}\overline{M}\overline{C}\overline{X}\overline{X}\overline{X}$LXVI ____________________

____

____

Nombre ______________________________

5. En los números romanos no aparece el cero. ¿Cómo mostraban los romanos la posición que ocupaba el cero en un número?

____

____

En números romanos, cuando un dígito con menor valor se escribe delante de un dígito con mayor valor, debes restar el valor inferior del superior para saber el número arábigo que representa. Expresa las siguientes cantidades en números arábigos. Explica cómo lo haces.

6. IX ______________________________

7. XL ______________________________

8. LD ______________________________

9. $\overline{\text{V}}\overline{\text{M}}$ ______________________________

10. $\overline{\text{X}}$CDIV ______________________________

____

11. $\overline{\text{M}}\overline{\text{M}}\overline{\text{M}}\overline{\text{M}}\overline{\text{V}}$DCCXL ______________________________

____

12. $\overline{\text{C}}\overline{\text{M}}\overline{\text{V}}$CDXLIV ______________________________

____

Escribe en números romanos.

13. Tu código postal __________ 14. Tu código de área __________

15. Tu número de teléfono __________ 16. El número de tu casa _______

Nombre ____________________

CAPÍTULO 1 ¡Tú puedes!

Código con sumas y restas

Mira las sumas y restas de abajo. Estima los resultados rápidamente y rodea con un círculo el número de los ejercicios que creas que darán una suma mayor que 100 o una diferencia menor que 20.

Resuelve. Luego usarás los resultados para solucionar las adivinanzas de la página siguiente.

1. 35 + 28	**2.** 68 − 27	**3.** 59 + 37	**4.** 80 − 76
5. 62 − 37	**6.** 55 + 19	**7.** 49 + 28	**8.** 91 − 43
9. 64 + 43	**10.** 46 + 82	**11.** 60 − 47	**12.** 64 + 37
13. 40 − 37	**14.** 53 + 26	**15.** 83 − 54	**16.** 77 − 26
17. 49 + 97	**18.** 16 + 73	**19.** 32 + 78	**20.** 75 − 54
21. 86 − 18	**22.** 82 + 37	**23.** 16 + 55	**24.** 36 + 39
25. 91 − 8	**26.** 85 − 59		

Nombre____________________

En las siguientes adivinanzas el número que hay debajo de cada línea en blanco corresponde a un ejercicio de la página anterior. Busca el resultado del ejercicio entre los números de la tabla de abajo. Mira la letra que corresponde al número y escríbela en la línea para resolver la adivinanza.

0 – 4	A	5 – 15	B	16 – 22	C	23 – 25	D
26 – 30	E	31 – 37	F	38 – 42	G	43 – 49	H
50 – 52	I	53 – 57	J	58 – 64	K	65 – 68	L
69 – 73	M	74 – 75	N	76 – 80	O	81 – 84	P
85 – 87	Q	88 – 94	R	95 – 98	S	99 – 102	T
103 – 108	U	109 – 111	V	112 – 119	W	120 – 126	X
127 – 134	Y	mayor que 134			Z		

27. ¿Qué es blanco y negro, y blanco y negro, y blanco y negro, y blanco y negro?

__ __ __   __ __ __ __ __   __ __   __ __ __
9 6 13   20 26 11 18 13   15 6   9 6 4

__ __ __ __ __ __   __ __ __ __ __ __ __ __ __
25 9 26 18 12 13   2 16 18 4 12 7 18 16 13

28. ¿En qué se parecen un tren y una manzana?

__ __ __ __ __ __ __   __ __   __ __ __
6 16 24 2 9 6 14   5 26   21 7 3

__ __ __   __ __ __ __ __ __
5 7 3   26 3 25 15 18 13

29. ¿En qué se diferencia una cebra de una yegua?

__   __ __   __ __ __ __ __   __ __
4   21 13   20 15 11 18 4   21 4

__ __ __ __ __ __ __ __   __ __ __   __ __ __
25 16 6 12 13 18 14 24   20 7 6   9 6 4

__ __ __ __ __
18 26 2 21 4

Nombre ____________________

CAPÍTULO 2

Destrezas en acción

Operaciones de multiplicación

Aprende

¿Qué puedo hacer?
Quiero hallar el producto de dos números.

Usa un arreglo.

Haz un dibujo o usa fichas.

6×7

El primer factor, 6, nos indica el número de hileras. →

El segundo factor, 7, nos indica → el número de fichas en cada hilera.

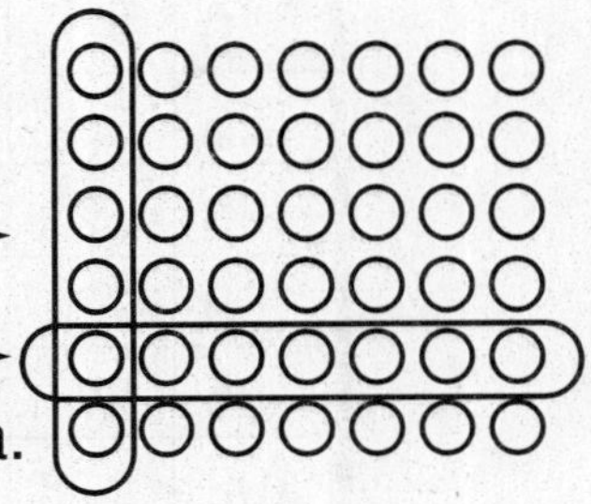

Cuenta las fichas para hallar el producto. $6 \times 7 = 42$

Usa sumas repetidas.

6×7

El primer factor, 6, indica cuántas veces hay que sumar.

El segundo factor, 7, indica el número que hay que sumar.

6×7
$= 7 + 7 + 7 + 7 + 7 + 7$
$= 42$

Inténtalo

• **Usa un arreglo para hallar los productos.**

1. $\begin{array}{r} 5 \\ \times 3 \\ \hline \end{array}$ **2.** $\begin{array}{r} 4 \\ \times 6 \\ \hline \end{array}$ **3.** $\begin{array}{r} 9 \\ \times 3 \\ \hline \end{array}$ **4.** $\begin{array}{r} 7 \\ \times 5 \\ \hline \end{array}$

5. $\begin{array}{r} 7 \\ \times 1 \\ \hline \end{array}$ **6.** $\begin{array}{r} 3 \\ \times 6 \\ \hline \end{array}$ **7.** $\begin{array}{r} 8 \\ \times 2 \\ \hline \end{array}$ **8.** $\begin{array}{r} 6 \\ \times 9 \\ \hline \end{array}$

9. $3 \times 3 =$ ______ **10.** $9 \times 2 =$ ______

11. $4 \times 8 =$ ______ **12.** $1 \times 6 =$ ______

Nombre ______________________________

Usa sumas repetidas para hallar los productos.

13. $\begin{array}{r} 7 \\ \times 2 \\ \hline \end{array}$ **14.** $\begin{array}{r} 8 \\ \times 8 \\ \hline \end{array}$ **15.** $\begin{array}{r} 3 \\ \times 7 \\ \hline \end{array}$ **16.** $\begin{array}{r} 5 \\ \times 9 \\ \hline \end{array}$

17. $6 \times 3 =$ ______ **18.** $2 \times 1 =$ ______

19. $5 \times 6 =$ ______ **20.** $7 \times 9 =$ ______

Práctica de destrezas • Halla los productos.

21. $\begin{array}{r} 8 \\ \times 1 \\ \hline \end{array}$ **22.** $\begin{array}{r} 4 \\ \times 0 \\ \hline \end{array}$ **23.** $\begin{array}{r} 3 \\ \times 5 \\ \hline \end{array}$ **24.** $\begin{array}{r} 7 \\ \times 7 \\ \hline \end{array}$

25. $\begin{array}{r} 9 \\ \times 1 \\ \hline \end{array}$ **26.** $\begin{array}{r} 8 \\ \times 5 \\ \hline \end{array}$ **27.** $\begin{array}{r} 1 \\ \times 4 \\ \hline \end{array}$ **28.** $\begin{array}{r} 5 \\ \times 2 \\ \hline \end{array}$

29. $\begin{array}{r} 3 \\ \times 9 \\ \hline \end{array}$ **30.** $\begin{array}{r} 7 \\ \times 4 \\ \hline \end{array}$ **31.** $\begin{array}{r} 0 \\ \times 8 \\ \hline \end{array}$ **32.** $\begin{array}{r} 6 \\ \times 8 \\ \hline \end{array}$

33. $\begin{array}{r} 5 \\ \times 5 \\ \hline \end{array}$ **34.** $\begin{array}{r} 7 \\ \times 9 \\ \hline \end{array}$ **35.** $\begin{array}{r} 4 \\ \times 4 \\ \hline \end{array}$ **36.** $\begin{array}{r} 5 \\ \times 1 \\ \hline \end{array}$

37. $0 \times 6 =$ ______ **38.** $5 \times 5 =$ ______

39. $1 \times 4 =$ ______ **40.** $7 \times 8 =$ ______

41. $4 \times 7 =$ ______ **42.** $8 \times 9 =$ ______

43. $5 \times 0 =$ ______ **44.** $6 \times 7 =$ ______

Nombre________________________________

CAPÍTULO 2
Destrezas en acción

Multiplica números de 2 y 3 dígitos

Aprende

Usa operaciones básicas.
Recuerda las multiplicaciones básicas.

$$\begin{array}{r} 34 \\ \times 2 \\ \hline \end{array}$$

Multiplica las unidades. Escribe el producto.

$$\begin{array}{r} 34 \\ \times 2 \\ \hline 8 \end{array}$$

Multiplica las decenas. Escribe el producto.

$$\begin{array}{r} 34 \\ \times 2 \\ \hline 68 \end{array}$$

Para multiplicar un número de 3 dígitos, multiplica las centenas de la misma manera.

Usa operaciones básicas y reagrupa.
Recuerda las multiplicaciones básicas.

$$\begin{array}{r} 59 \\ \times 4 \\ \hline \end{array}$$

Multiplica las unidades. Si el producto es 10 o mayor, reagrupa 10 unidades como una decena. Escribe las decenas reagrupadas sobre la columna de las decenas.

$$\begin{array}{r} {}^{3} \\ 59 \\ \times 4 \\ \hline 6 \end{array}$$

Multiplica las decenas. Suma las decenas reagrupadas.

$$\begin{array}{r} {}^{3} \\ 59 \\ \times 4 \\ \hline 236 \end{array}$$

Para multiplicar un número de 3 dígitos, multiplica las centenas de la misma manera. Suma las decenas reagrupadas.

Inténtalo

• **Usa operaciones básicas para hallar los productos.**

1. $\begin{array}{r} 23 \\ \times 3 \\ \hline \end{array}$

2. $\begin{array}{r} 21 \\ \times 4 \\ \hline \end{array}$

3. $\begin{array}{r} 41 \\ \times 2 \\ \hline \end{array}$

4. $\begin{array}{r} 111 \\ \times 7 \\ \hline \end{array}$

5. $2 \times 33 =$ ____ **6.** $1 \times 78 =$ ____ **7.** $3 \times 22 =$ ____ **8.** $4 \times 121 =$ ____

Nombre________________________________

Usa operaciones básicas y reagrupa para hallar los productos.

9. $\begin{array}{r} 16 \\ \times\ 8 \\ \hline \end{array}$

10. $\begin{array}{r} 52 \\ \times\ 6 \\ \hline \end{array}$

11. $\begin{array}{r} 27 \\ \times\ 8 \\ \hline \end{array}$

12. $\begin{array}{r} 234 \\ \times\ \ \ 5 \\ \hline \end{array}$

13. 6 × 45 = __________

14. 9 × 15 = __________

15. 4 × 51 = __________

16. 4 × 452 = __________

Práctica de destrezas • Halla los productos.

17. $\begin{array}{r} 42 \\ \times 2 \\ \hline \end{array}$

18. $\begin{array}{r} 31 \\ \times 1 \\ \hline \end{array}$

19. $\begin{array}{r} 13 \\ \times 3 \\ \hline \end{array}$

20. $\begin{array}{r} 234 \\ \times\ 2 \\ \hline \end{array}$

21. $\begin{array}{r} 25 \\ \times 3 \\ \hline \end{array}$

22. $\begin{array}{r} 74 \\ \times\ 4 \\ \hline \end{array}$

23. $\begin{array}{r} 93 \\ \times\ 6 \\ \hline \end{array}$

24. $\begin{array}{r} 87 \\ \times 5 \\ \hline \end{array}$

25. $\begin{array}{r} 254 \\ \times\ \ \ 7 \\ \hline \end{array}$

26. $\begin{array}{r} 381 \\ \times\ \ \ 5 \\ \hline \end{array}$

27. $\begin{array}{r} 537 \\ \times\ \ \ 6 \\ \hline \end{array}$

28. $\begin{array}{r} 715 \\ \times\ \ \ 4 \\ \hline \end{array}$

29. 9 × 38 = __________

30. 6 × 83 = __________

31. 8 × 29 = __________

32. 5 × 48 = __________

33. 3 × 376 = __________

34. 7 × 214 = __________

35. 9 × 482 = __________

36. 6 × 553 = __________

Nombre ______________________________

CAPÍTULO 2

Destrezas en acción

Redondeo de decimales

Aprende

¿Qué puedo hacer?
Quiero redondear un decimal a un número entero.

Usa las reglas para redondear números enteros.

Mira el primer número a la derecha del punto decimal.

4.**7**132 6.**3**998

Si el número es 5 o mayor que 5, redondea al siguiente número entero.

Como 7 es mayor que 5, 4.7132 se redondea a 5.

Si el número es menor que 5, deja el mismo número entero y elimina todos los dígitos a la derecha del punto decimal.

Como 3 es menor que 5, 6.3998 se redondea a 6.

Inténtalo

Sigue las reglas para redondear números. Redondea los decimales al número entero más cercano.

1. 7.3 ____ **2.** 9.7 ____ **3.** 6.2 ____ **4.** 5.8 ____

5. 4.62 ____ **6.** 8.46 ____ **7.** 8.95 ____ **8.** 6.81 ____

9. 3.683 ____ **10.** 2.723 ____ **11.** 7.3945 ____

12. 6.213 ____ **13.** 7.198 ____ **14.** 1.845 ____

15. 9.4 ____ **16.** 3.71 ____ **17.** 8.511 ____

Nombre____

Práctica de destrezas

• **Redondea los decimales al número entero más cercano.**

18. 7.3 ____ **19.** 5.5 ____

20. 2.9 ____ **21.** 6.4 ____

22. 4.68 ____ **23.** 9.92 ____

24. 7.36 ____ **25.** 24.99 ____

26. 13.57 ____ **27.** 53.62 ____

28. 67.35 ____ **29.** 84.56 ____

30. 36.588 ____ **31.** 41.476 ____

32. 86.457 ____ **33.** 62.004 ____

34. 73.561 ____ **35.** 67.843 ____

36. 68.541 ____ **37.** 34.199 ____

38. 55.555 ____ **39.** 13.5376 ____

40. 75.6908 ____ **41.** 46.9526 ____

Aprende en la escuela y en el hogar

Números enlatados

Practica el redondeo de números en casa o en la tienda con este juego para dos o más jugadores. Acuerden un tiempo límite antes de empezar, por ejemplo 10 minutos.

- Busquen en las etiquetas de latas o cajas de alimentos el peso del contenido. El peso suele aparecer en onzas y en gramos.
- Si el peso es un número decimal, anoten el nombre del producto y el peso. Redondeen el decimal al número entero más cercano.
- Gana el primer jugador que encuentre 10 decimales que se redondeen por arriba y 10 que se redondeen por abajo. Si el tiempo límite se acaba antes de que lo consigan, gana el que haya redondeado más decimales.

Nombre ____________________

CAPÍTULO 2

Destrezas en acción

Múltiplos de diez

Aprende

Usa operaciones básicas.

$$\begin{array}{r} 200 \\ \times\ 7 \\ \hline \end{array}$$

Mira el dígito que no es un cero. Multiplica usando operaciones básicas.

$$\begin{array}{r} \mathbf{2}00 \\ \times\ 7 \\ \hline \mathbf{14} \end{array}$$

Cuenta el número de ceros en el factor. Escribe el mismo número de ceros en el producto.

$$\begin{array}{r} 2\mathbf{00} \\ \times\ 7 \\ \hline 1{,}4\mathbf{00} \end{array}$$

← Hay 2 ceros.

← Escribe 2 ceros.

Inténtalo

• Usa operaciones básicas para hallar los productos.

1. $\begin{array}{r} 70 \\ \times\ 3 \\ \hline \end{array}$
2. $\begin{array}{r} 50 \\ \times\ 8 \\ \hline \end{array}$
3. $\begin{array}{r} 500 \\ \times\ 5 \\ \hline \end{array}$
4. $\begin{array}{r} 900 \\ \times\ 6 \\ \hline \end{array}$

Práctica de destrezas

• Halla los productos.

5. $\begin{array}{r} 20 \\ \times 4 \\ \hline \end{array}$
6. $\begin{array}{r} 70 \\ \times\ 6 \\ \hline \end{array}$
7. $\begin{array}{r} 800 \\ \times\ 5 \\ \hline \end{array}$
8. $\begin{array}{r} 2{,}000 \\ \times\ 6 \\ \hline \end{array}$

9. $9 \times 40 =$ ______
10. $3 \times 80 =$ ______
11. $6 \times 400 =$ ______
12. $8 \times 9{,}000 =$ ______
13. $7 \times 50 =$ ______
14. $5 \times 40 =$ ______
15. $8 \times 700 =$ ______
16. $5 \times 6{,}000 =$ ______

Nombre____

Multiplicación con factores repetidos

CAPÍTULO 2
Destrezas en acción

Aprende

Usa multiplicaciones repetidas.

Puedes multiplicar sólo dos factores cada vez.

$3 \times 3 \times 3 \times 3 \times 3$

Multiplica los dos primeros factores.

$(\mathbf{3} \times \mathbf{3}) \times 3 \times 3 \times 3$
$\mathbf{9} \times 3 \times 3 \times 3$

Multiplica el producto obtenido por el factor siguiente.

$(\mathbf{9} \times \mathbf{3}) \times 3 \times 3$
$\mathbf{27} \times 3 \times 3$

Repite hasta que multipliques todos los factores.

$(\mathbf{27} \times \mathbf{3}) \times 3$
$\mathbf{81} \times 3$
243

Inténtalo

• **Usa la multiplicación repetida para hallar los productos.**

1. $2 \times 2 \times 2 =$ ___ $\times 2 =$ _____

2. $4 \times 4 \times 4 =$ ___ $\times 4 =$ _____

3. $7 \times 7 \times 7 =$ ___ $\times 7 =$ _____

4. $8 \times 8 \times 8 =$ _____

5. $6 \times 6 \times 6 =$ _____

6. $5 \times 5 \times 5 \times 5 =$ _____

Práctica de destrezas

• **Halla los productos.**

7. $9 \times 9 \times 9 =$ _______

8. $3 \times 3 \times 3 =$ _______

9. $4 \times 4 \times 4 \times 4 =$ _______

10. $2 \times 2 \times 2 \times 2 \times 2 \times 2 =$ _______

Nombre ______________________________

CAPÍTULO 2
Destrezas en acción

Decimales

Aprende

Cuenta.

Un cuadrado que está todo sombreado es un 1. Cada parte sombreada es un décimo de 1, ó 0.1.

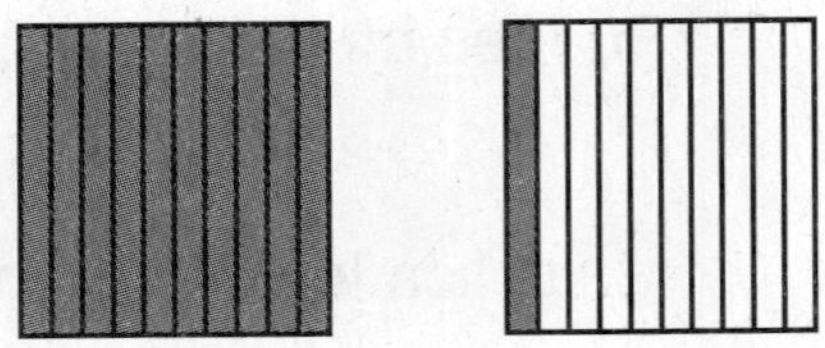

1 0.1

¿Qué puedo hacer?
Quiero nombrar el decimal que muestra el modelo.

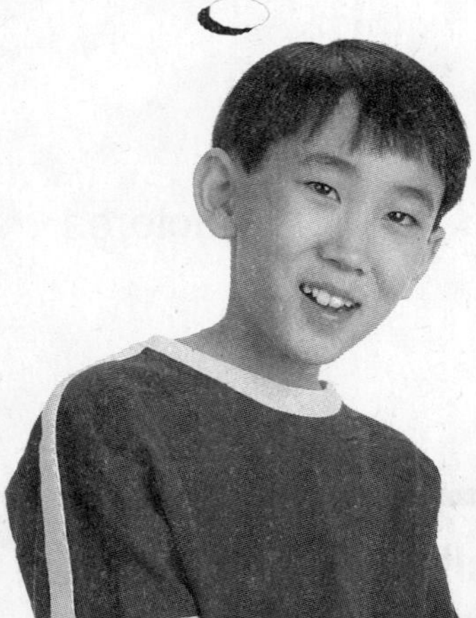

Cuenta las partes sombreadas. Escribe el número de partes sombreadas después del punto decimal.

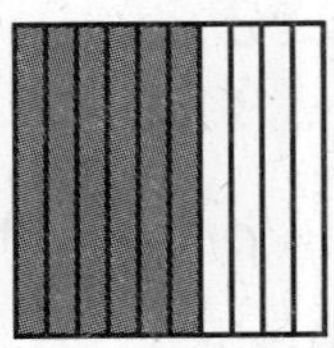

6 partes sombreadas = 0.6

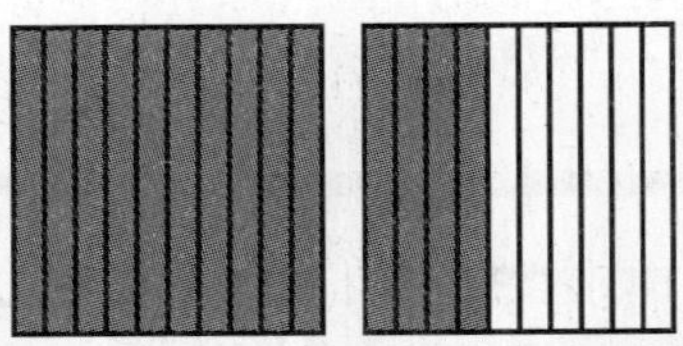

1 cuadrado entero y 4 partes sombreadas = 1.4

Inténtalo

- **Cuenta. Escribe los decimales que muestran los modelos.**

1.

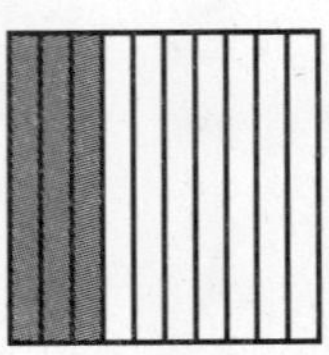

______

2.

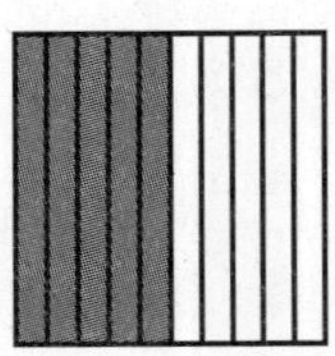

______

3.

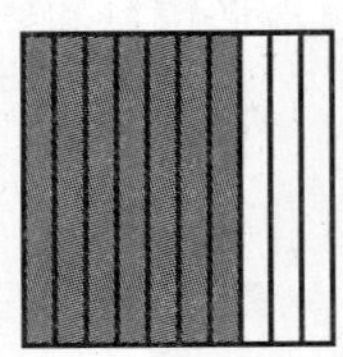

______

4.

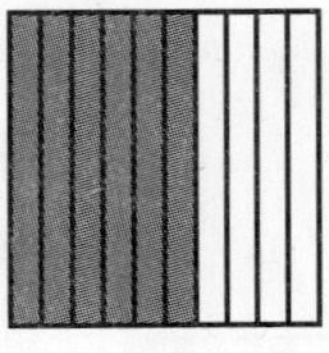

______

5.

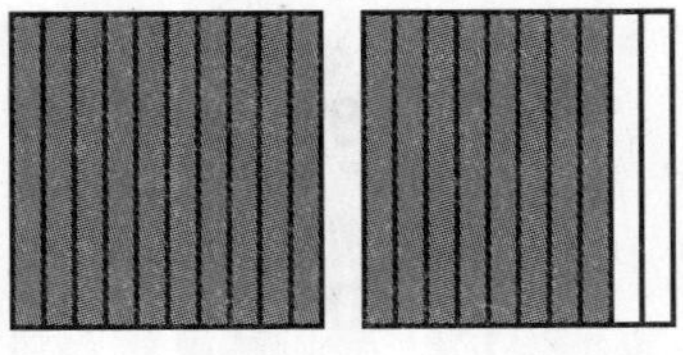

______

Nombre____

Práctica de destrezas • **Escribe los decimales que muestran los modelos.**

6.

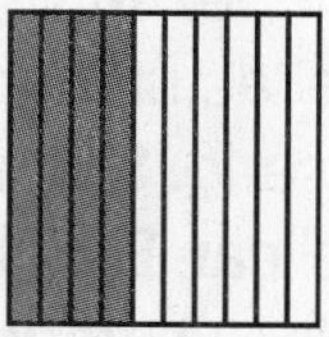

______

7.

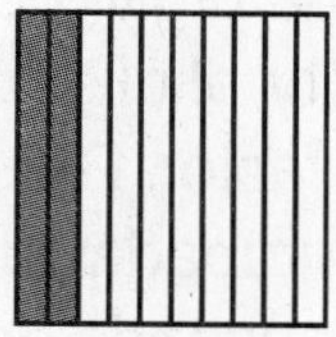

______

8.

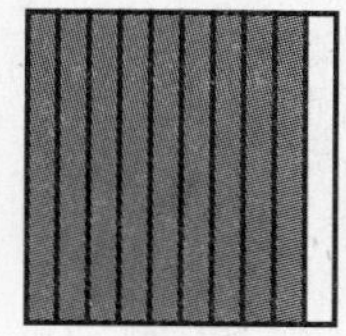

______

9.

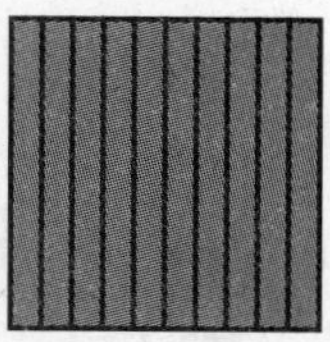

______

10.

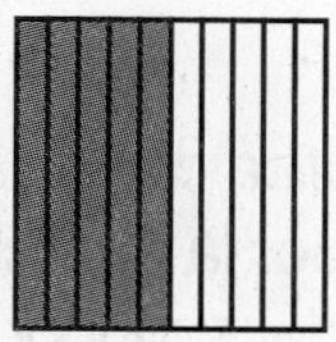

______

11.

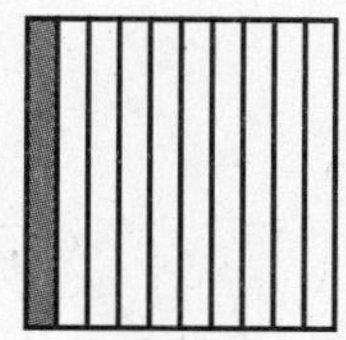

______

12.

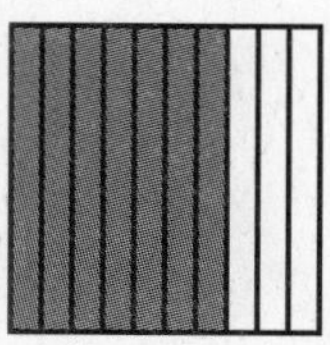

______

13.

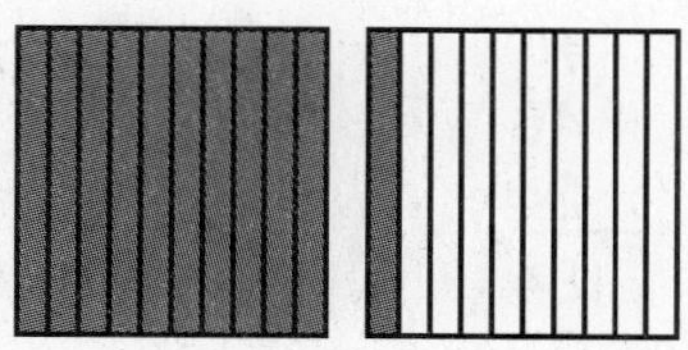

______

14.

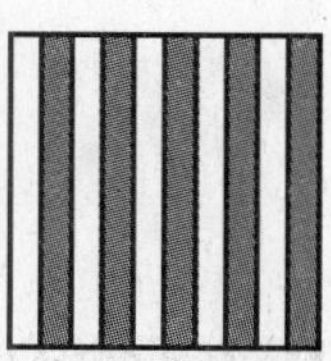

______

15.

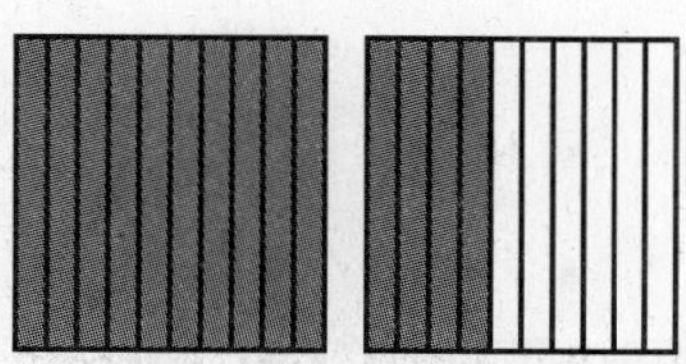

______

Nombre____

CAPÍTULO 2

Destrezas en acción

Multiplica por números de 2 dígitos

Aprende

Usa operaciones básicas y reagrupa.

Multiplica cada dígito del primer factor, empezando por la derecha, por el dígito en la posición de las unidades del segundo factor. Reagrupa si es necesario. Suma las decenas reagrupadas después de multiplicar. Escribe el producto empezando por la posición de las unidades.

$$\begin{array}{r} {\scriptstyle 2} \\ 4\mathbf{6} \\ \times\, 2\mathbf{4} \\ \hline 4 \end{array} \qquad\qquad \begin{array}{r} {\scriptstyle 2} \\ \mathbf{4}6 \\ \times\, 2\mathbf{4} \\ \hline \mathbf{18}4 \end{array}$$

Luego, multiplica cada dígito del segundo factor, empezando por la derecha, por el dígito en la posición de las decenas del segundo factor. Reagrupa si es necesario. Suma las decenas reagrupadas después de multiplicar. Como estás multiplicando las decenas, escribe el producto empezando por la posición de las decenas.

¿Qué puedo hacer?
Quiero multiplicar por un número de 2 dígitos.

$$\begin{array}{r} {\scriptstyle 1} \\ 4\mathbf{6} \\ \times\, \mathbf{2}4 \\ \hline 184 \\ \mathbf{2} \end{array} \qquad\qquad \begin{array}{r} {\scriptstyle 1} \\ \mathbf{4}6 \\ \times\, \mathbf{2}4 \\ \hline 184 \\ \mathbf{9}2 \end{array}$$

Suma los productos.

$$\begin{array}{r} 46 \\ \times\, 24 \\ \hline \mathbf{184} \\ \mathbf{92} \\ \hline \mathbf{1{,}104} \end{array}$$

Inténtalo

• **Usa operaciones básicas y reagrupa. Halla los productos.**

1. $\begin{array}{r} 42 \\ \times\, 13 \\ \hline \end{array}$

2. $\begin{array}{r} 27 \\ \times\, 34 \\ \hline \end{array}$

3. $\begin{array}{r} 51 \\ \times\, 42 \\ \hline \end{array}$

4. $\begin{array}{r} 25 \\ \times\, 17 \\ \hline \end{array}$

Nombre ____________________

5. $\begin{array}{r} 29 \\ \times\ 47 \\ \hline \end{array}$

6. $\begin{array}{r} 77 \\ \times\ 54 \\ \hline \end{array}$

7. $\begin{array}{r} 94 \\ \times\ 36 \\ \hline \end{array}$

8. $\begin{array}{r} 58 \\ \times\ 67 \\ \hline \end{array}$

9. $82 \times 33 =$ ______

10. $47 \times 78 =$ ______

11. $28 \times 71 =$ ______

Práctica de destrezas • **Halla los productos.**

12. $\begin{array}{r} 49 \\ \times\ 62 \\ \hline \end{array}$

13. $\begin{array}{r} 23 \\ \times\ 74 \\ \hline \end{array}$

14. $\begin{array}{r} 80 \\ \times\ 52 \\ \hline \end{array}$

15. $\begin{array}{r} 63 \\ \times\ 44 \\ \hline \end{array}$

16. $\begin{array}{r} 18 \\ \times\ 75 \\ \hline \end{array}$

17. $\begin{array}{r} 88 \\ \times\ 35 \\ \hline \end{array}$

18. $\begin{array}{r} 62 \\ \times\ 62 \\ \hline \end{array}$

19. $\begin{array}{r} 47 \\ \times\ 30 \\ \hline \end{array}$

20. $19 \times 56 =$ ______

21. $74 \times 81 =$ ______

22. $28 \times 63 =$ ______

23. $\begin{array}{r} 95 \\ \times\ 82 \\ \hline \end{array}$

24. $\begin{array}{r} 78 \\ \times\ 34 \\ \hline \end{array}$

25. $\begin{array}{r} 97 \\ \times\ 41 \\ \hline \end{array}$

26. $\begin{array}{r} 82 \\ \times\ 96 \\ \hline \end{array}$

27. $\begin{array}{r} 37 \\ \times\ 29 \\ \hline \end{array}$

28. $\begin{array}{r} 11 \\ \times\ 36 \\ \hline \end{array}$

29. $\begin{array}{r} 85 \\ \times\ 87 \\ \hline \end{array}$

30. $\begin{array}{r} 68 \\ \times\ 79 \\ \hline \end{array}$

Nombre ____

CAPÍTULO 2 ¡Tú puedes!

Descompone números redondos

Usa los dígitos de las cajas para formar números que se redondeen a los números de la derecha. Usa cada dígito sólo una vez y táchalo.

Pista: Piensa qué dígitos son importantes cuando redondeas números.

1. 700 __ __ __

2. 900 __ __ __

2	3	5
7	8	9

---

3. 4,000 __, __ __ __

4. 8,000 __, __ __ __

5. 2,000 __, __ __ __

6. 5,000 __, __ __ __

0	1	1	1	2	2	3	4
5	6	7	7	8	8	9	9

---

7. 13,000 __ __, __ __ __

8. 27,000 __ __, __ __ __

9. 54,000 __ __, __ __ __

10. 80,000 __ __, __ __ __

0	1	1	1	2
2	2	3	4	4
5	5	5	5	6
7	7	9	9	9

Nombre____

11. 580,000 __ __ __, __ __ __

12. 310,000 __ __ __, __ __ __

13. 800,000 __ __ __, __ __ __

14. 400,000 __ __ __, __ __ __

0	2	2	2	3	3
3	3	4	4	4	5
5	5	6	6	7	7
8	8	8	8	9	9

---

15. 4,500,000 __, __ __ __, __ __ __

16. 2,900,000 __, __ __ __, __ __ __

17. 3,000,000 __, __ __ __, __ __ __

18. 7,000,000 __, __ __ __, __ __ __

1	1	1	2	2	2	2
3	3	3	4	4	4	4
5	5	5	6	7	7	7
7	7	8	8	8	8	9

Crea un ejercicio para descomponer números redondos. Escribe el número redondeado a la izquierda. Escribe en la caja los dígitos que usaste, en orden de menor a mayor. Pide a un amigo que resuelva el ejercicio.

Redondeados		Sin redondear
19. __, __ __ __		__, __ __ __
20. __ __, __ __ __		__ __, __ __ __
21. __ __ __, __ __ __		__ __ __, __ __ __
22. __ __ __, __ __ __		__ __ __, __ __ __

Nombre ____________________

CAPÍTULO 2 ¡Tú puedes!

Halla los factores

En las siguientes multiplicaciones se muestran los productos, pero no los factores. Halla los factores correctos para cada producto. Todos los factores aparecen en la caja. Usa cada número sólo una vez.

Pista: Usa lo que sabes sobre las operaciones básicas para eliminar posibilidades. ¿Qué operación te dará el dígito en la posición de las unidades del producto? También puedes estimar.

2	3	3	4	5	6	6	7	7	7	8	8
9	9	12	20	20	25	38	46	53	66	71	99

1. □ × □ = **27**

2. □ × □ = **56**

3. □ × □ = **42**

4. □□ × □ = **60**

5. □□ × □ = **225**

6. □□ × □ = **228**

7. □□ × □ = **213**

8. □□ × □ = **396**

9. □□ × □ = **424**

10. □□ × □ = **462**

11. □□ × □ = **92**

12. □□ × □□ = **400**

Nombre____

Halla los factores que faltan. Usa los números de la caja.

2	5	7	9	15	24	38	39	49	52	55	57	63	86	123	252	394	713

13. ☐☐☐ × ☐ = 615

14. ☐☐☐ × ☐ = 1,764

15. ☐☐☐ × ☐ = 3,546

16. ☐☐☐ × ☐ = 1,426

17. ☐☐ × ☐☐ = 3,591

18. ☐☐ × ☐☐ = 1,911

19. ☐☐ × ☐☐ = 780

20. ☐☐ × ☐☐ = 912

21. ☐☐ × ☐☐ = 4,730

Crea ejercicios de multiplicaciones en las que falten los factores. Escribe en la caja los números que usaste. Pide a un amigo que resuelva los ejercicios.

22. ☐☐ × ☐☐ = ________

23. ☐☐ × ☐☐ = ________

24. ☐☐ × ☐☐ = ________

Nombre ______________________________

CAPÍTULO 3

Destrezas en acción

Operaciones de multiplicación

Aprende

Usa un arreglo.

3×5

El primer factor será el numero de hileras. El segundo factor será el número de fichas en cada hilera.

3 hileras.  5 en cada hilera.

Cuenta el total de fichas en el arreglo para hallar el producto.

$3 \times 5 = 15$

Inténtalo

• Usa un arreglo para hallar el producto.

1. $\begin{array}{r} 6 \\ \times 3 \\ \hline \end{array}$ 

2. $\begin{array}{r} 4 \\ \times 4 \\ \hline \end{array}$ 

3. $\begin{array}{r} 7 \\ \times 2 \\ \hline \end{array}$ 

4. $3 \times 7 =$ ______ **5.** $9 \times 7 =$ ______ **6.** $7 \times 5 =$ ______ **7.** $8 \times 5 =$ ______

Práctica de destrezas

• Halla los productos.

8. $\begin{array}{r} 4 \\ \times 8 \\ \hline \end{array}$ **9.** $\begin{array}{r} 6 \\ \times 2 \\ \hline \end{array}$ **10.** $\begin{array}{r} 8 \\ \times 7 \\ \hline \end{array}$ **11.** $\begin{array}{r} 9 \\ \times 9 \\ \hline \end{array}$

12. $6 \times 7 =$ ______ **13.** $6 \times 6 =$ ______ **14.** $9 \times 3 =$ ______ **15.** $4 \times 7 =$ ______

Nombre______________________________

División entre múltiplos de 10

CAPÍTULO 3
Destrezas en acción

Aprende

Usa operaciones básicas.

30)6,000

Quita el cero o los ceros del divisor. Quita el mismo número de ceros del dividendo.

3∅)6,00∅

Usa operaciones básicas para dividir.

```
   200
3) 600
   60
   ──
   00
```

No te olvides de escribir los ceros necesarios en el cociente.

Inténtalo

• **Usa operaciones básicas para hallar los cocientes.**

1. 4∅)16∅ **2.** 5∅)4,00∅ **3.** 8∅)6,40∅ **4.** 3∅)18,00∅

5. 42,000 ÷ 60 = ______ **6.** 14,000 ÷ 20 = ______

Práctica de destrezas

• **Halla los cocientes.**

7. 70)4,900 **8.** 30)9,000 **9.** 50)3,500 **10.** 90)81,000

11. 72,000 ÷ 80 = ______ **12.** 300,000 ÷ 60 = ______

Nombre____

CAPÍTULO 3

Destrezas en acción

Operaciones de división

Aprende

Usa modelos.
Haz un arreglo del dividendo.

$4\overline{)28}$

Cada hilera debe tener el mismo número de fichas que el número divisor.

O O O O
O O O O
O O O O
O O O O
O O O O
O O O O
O O O O

Cuenta el número de hileras.

O O O O **1**
O O O O **2**
O O O O **3**
O O O O **4**
O O O O **5**
O O O O **6**
O O O O **7**

Hay 7 hileras de 4 fichas.

$\begin{array}{r} 7 \\ 4\overline{)28} \end{array}$

Usa restas repetidas.

$4\overline{)28}$

Resta el divisor del dividendo hasta que obtengas 0.

28 – 4 = 24
24 – 4 = 20
20 – 4 = 16
16 – 4 = 12
12 – 4 = 8
8 – 4 = 4
4 – 4 = 0

Cuenta el número de veces que has restado.

28 – 4 = 24 **1**
24 – 4 = 20 **2**
20 – 4 = 16 **3**
16 – 4 = 12 **4**
12 – 4 = 8 **5**
8 – 4 = 4 **6**
4 – 4 = 0 **7**

Restaste 7 veces.

$\begin{array}{r} 7 \\ 4\overline{)28} \end{array}$

Nombre ______________________________

Inténtalo • **Usa modelos para hallar los cocientes.**

1. $7\overline{)21}$ **2.** $6\overline{)12}$ **3.** $3\overline{)15}$ **4.** $5\overline{)25}$

5. 63 ÷ 9 = ______________ **6.** 42 ÷ 6 = ______________

Usa restas repetidas para hallar los cocientes.

7. $2\overline{)6}$ **8.** $4\overline{)16}$ **9.** $7\overline{)35}$ **10.** $8\overline{)48}$

11. 6 ÷ 1 = ______ **12.** 32 ÷ 8 = ______________

Práctica de destrezas • **Halla los cocientes.**

13. $3\overline{)24}$ **14.** $5\overline{)45}$ **15.** $2\overline{)16}$ **16.** $5\overline{)30}$

17. $7\overline{)56}$ **18.** $9\overline{)81}$ **19.** $3\overline{)21}$ **20.** $9\overline{)36}$

21. 54 ÷ 9 = ______________ **22.** 48 ÷ 6 = ______________

23. 28 ÷ 4 = ______________ **24.** 72 ÷ 8 = ______________

Nombre ____________________

CAPÍTULO 3
Destrezas en acción

Divide entre divisores de 1 dígito

Aprende

¿Qué puedo hacer?
Quiero dividir un número entre un divisor de 1 dígito.

Usa modelos.
Haz un arreglo del dividendo.

$5\overline{)33}$

Cada hilera debe tener el mismo número de fichas que el numero divisor.

Cuenta el número de hileras completas para hallar el cociente. Cuenta el número de fichas que quedan para hallar el residuo.

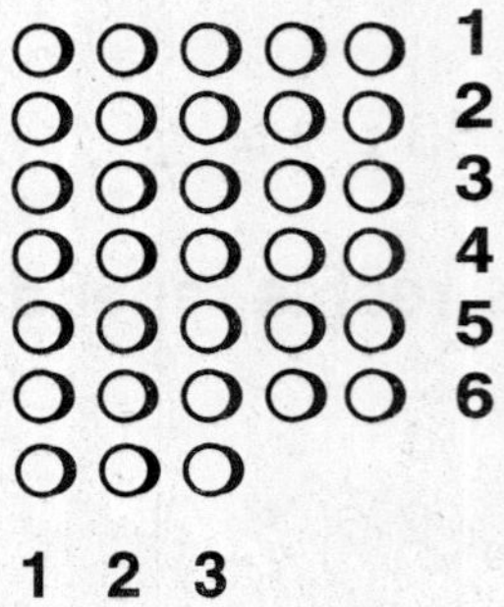

$$\begin{array}{r} 6\text{ R3} \\ 5\overline{)33} \end{array}$$

Usa operaciones básicas.

$5\overline{)33}$

¿Qué número multiplicado por 5 se acerca más a 30?

$5 \times 6 = 30$
$5 \times 7 = 35$

Como 35 es mayor que 33, usa 30. Escribe 6 en el cociente.

$$\begin{array}{r} 6 \\ 5\overline{)33} \end{array}$$

Multiplica 6 x 5 y resta el producto del divisor para hallar el residuo.

$$\begin{array}{r} 6\text{ R3} \\ 5\overline{)33} \\ \underline{30} \\ 3 \end{array}$$

Nombre ______________________________

Inténtalo • **Usa modelos para hallar los cocientes.**

1. $4\overline{)21}$ **2.** $3\overline{)16}$ **3.** $6\overline{)20}$ **4.** $5\overline{)41}$

5. 19 ÷ 7 = ______________ **6.** 48 ÷ 5 = ______________

Usa operaciones básicas para hallar los cocientes.

7. $7\overline{)36}$ **8.** $9\overline{)55}$ **9.** $2\overline{)13}$ **10.** $6\overline{)33}$

11. 17 ÷ 3 = ______________ **12.** 16 ÷ 4 = ______________

Práctica de destrezas • **Halla los cocientes.**

13. $2\overline{)9}$ **14.** $8\overline{)42}$ **15.** $5\overline{)16}$ **16.** $7\overline{)30}$

17. $8\overline{)55}$ **18.** $9\overline{)83}$ **19.** $6\overline{)37}$ **20.** $3\overline{)15}$

21. 26 ÷ 9 = ______________ **22.** 26 ÷ 4 = ______________

23. 29 ÷ 5 = ______________ **24.** 67 ÷ 9 = ______________

Nombre ____

CAPÍTULO 3
Destrezas en acción

Multiplica decimales por números enteros

Aprende

¿Qué puedo hacer?
Quiero multiplicar un decimal por un número entero.

Usa operaciones básicas y cuenta.

$$\begin{array}{r} 5.37 \\ \times \quad 8 \\ \hline \end{array}$$

Usa operaciones básicas y reagrupa para multiplicar. Por ahora no pienses en el punto decimal.

$$\begin{array}{r} {\scriptstyle 2\ 5\ } \\ 5.37 \\ \times \quad 8 \\ \hline 4296 \end{array}$$

Cuenta el número de posiciones decimales en el factor decimal. Coloca el punto decimal en el producto de modo que éste tenga el mismo número de posiciones decimales que el factor.

$$\begin{array}{rl} 5.\mathbf{37} & \text{dos posiciones decimales} \\ \times \quad 8 & \\ \hline 42.\mathbf{96} & \text{dos posiciones decimales} \end{array}$$

Inténtalo

Escribe cuantas posiciones decimales habrá en el producto. Luego usa operaciones básicas y cuenta para hallar los productos.

1. $\begin{array}{r} 4.9 \\ \times 3 \\ \hline \end{array}$ _____ posición (posiciones)

2. $\begin{array}{r} 6.34 \\ \times \quad 7 \\ \hline \end{array}$ _____ posición (posiciones)

3. $\begin{array}{r} 2.76 \\ \times \quad 5 \\ \hline \end{array}$ _____ posición (posiciones)

4. $\begin{array}{r} 3.5 \\ \times 8 \\ \hline \end{array}$ _____ posición (posiciones)

Nombre____

Práctica de destrezas • Halla los productos.

5.	5.86 × 2	**6.**	3.71 × 4	**7.**	5.9 × 9	**8.**	8.35 × 3
9.	9.12 × 8	**10.**	5.66 × 8	**11.**	8.3 × 5	**12.**	6.09 × 4
13.	9.32 × 7	**14.**	3.84 × 6				
15.	7.8 × 9	**16.**	2.88 × 2				
17.	6.23 × 4	**18.**	7.9 × 6				
19.	1.32 × 3	**20.**	9.64 × 6				
21.	4.22 × 2	**22.**	2.63 × 5				

Aprende en la escuela y en el hogar

Tarjetas de decimales

Haz un juego de tarjetas para multiplicar con decimales. Practica en el auto o en casa.

- Haz un juego de tarjetas. Escribe números decimales en 30 tarjetas. Escribe números de 1 dígito en otras 30 tarjetas.
- Baraja bien las tarjetas. Repártelas todas entre dos jugadores.
- Cada jugador pone una tarjeta sobre la mesa hasta que una de ellas muestre un número decimal y la otra, un número de 1 dígito. Entonces, el primer jugador que multiplique ambos números correctamente gana todas las tarjetas que haya sobre la mesa.

Nombre____

CAPÍTULO 3

Destrezas en acción

Divide entre divisores de 2 dígitos

Aprende

Usa la estimación y el cálculo mental.

33)838

Mira los dos primeros dígitos del dividendo. Estima: ¿Qué número obtenido al multiplicar por 33 se acerca más a 83 sin ser mayor que 83?

Piensa: $2 \times 33 = 66$
$3 \times 33 = 99$

Como 99 > 83, usa 66.

```
     2
33)838
  - 66↓
   178
```

Multiplica, resta y baja el dígito de las unidades.

¿Qué puedo hacer?
Quiero dividir un número entre un divisor de 2 dígitos.

Mira el divisor y el número que te queda por dividir.

Piensa: $4 \times 33 = 132$
$5 \times 33 = 165$
$6 \times 33 = 198$

Como 198 > 178, usa 165.

```
    25 R13
33)838
  - 66
   178
 - 165
    13
```

Escribe el residuo junto al cociente.

Inténtalo

• **Usa la estimación y el cálculo mental para hallar los cocientes.**

```
1.    1            2.    2            3.    2            4.    1
   25)275           16)359           32)745           51)863
    - 25↓            - 32↓            - 64↓            - 51↓
       2                3               10               35
```

Nombre____

5. 957 ÷ 42 = __________ **6.** 848 ÷ 63 = __________ **7.** 958 ÷ 84 = __________

8. $76\overline{)815}$ **9.** $39\overline{)574}$ **10.** $47\overline{)928}$ **11.** $92\overline{)944}$

Práctica de destrezas

• **Halla los cocientes.**

12. $40\overline{)963}$ **13.** $37\overline{)758}$ **14.** $22\overline{)894}$ **15.** $17\overline{)388}$

16. $53\overline{)691}$ **17.** $45\overline{)962}$ **18.** $12\overline{)584}$ **19.** $31\overline{)392}$

20. $64\overline{)772}$ **21.** $72\overline{)959}$ **22.** $59\overline{)621}$ **23.** $48\overline{)947}$

24. $11\overline{)768}$ **25.** $24\overline{)813}$ **26.** $95\overline{)999}$ **27.** $88\overline{)913}$

28. 695 ÷ 13 = __________ **29.** 583 ÷ 23 = __________ **30.** 724 ÷ 37 = __________

31. 825 ÷ 64 = __________ **32.** 982 ÷ 28 = __________ **33.** 692 ÷ 44 = __________

34. 773 ÷ 55 = __________ **35.** 852 ÷ 19 = __________ **36.** 951 ÷ 29 = __________

Nombre ____________________________________

CAPÍTULO 3

Destrezas en acción

Multiplica decimales por decimales

Aprende

Usa operaciones básicas y cuenta.

$$\begin{array}{r} 3.56 \\ \times\ 1.7 \\ \hline \end{array}$$

Usa operaciones básicas y lo que ya sabes sobre la multiplicación. Por ahora no pienses en el punto decimal.

$$\begin{array}{r} \mathbf{3.56} \\ \times\ \mathbf{1.7} \\ \hline 2492 \\ 356 \\ \hline 6052 \end{array}$$

Cuenta el total de posiciones decimales en ambos factores. Coloca el punto decimal en el producto para que éste tenga el mismo número de posiciones decimales que los dos factores juntos.

$$\begin{array}{rl} 3.5\mathbf{6} & \leftarrow \text{2 posiciones decimales} \\ \times\ 1.\mathbf{7} & \leftarrow \text{1 posición decimal} \\ \hline 2492 & \\ 356 & \\ \hline 6.\mathbf{052} & \leftarrow \text{3 posiciones decimales} \end{array}$$

Inténtalo

• **Escribe cuántas posiciones decimales habrá en el producto. Luego usa operaciones básicas y cuenta para hallar los productos.**

1. $\begin{array}{r} 4.9 \\ \times 2.3 \\ \hline \end{array}$
2. $\begin{array}{r} 6.34 \\ \times 4.7 \\ \hline \end{array}$
3. $\begin{array}{r} 4.38 \\ \times\ \ 2 \\ \hline \end{array}$
4. $\begin{array}{r} 6.13 \\ \times 5.7 \\ \hline \end{array}$

______ posición (posiciones) ______ posición (posiciones) ______ posición (posiciones) ______ posición (posiciones)

Nombre ____________________

Práctica de destrezas • Halla los productos.

5. 5.86 × 2.1	**6.** 3.71 × 5.9	**7.** 5.9 × 6.8	**8.** 8.35 × 5.3
9. 8.43 × 7.5	**10.** 1.23 × 5.4	**11.** 8.62 × 3.5	**12.** 9.48 × 7.3
13. 9.06 × 2.5	**14.** 2.03 × 5.9	**15.** 7.8 × 9	**16.** 2.88 × 2
17. 4.08 × 4.8	**18.** 7.39 × 0.3	**19.** 5.5 × 3.2	**20.** 7.15 × 6
21. 8.80 × 2.7	**22.** 5.66 × 1.9	**23.** 8.2 × 3.4	**24.** 9.36 × 0.8
25. 5.4 × 2.73	**26.** 6.52 × 8.9	**27.** 11.7 × 4.5	**28.** 6.25 × 0.8
29. 8.72 × 1.2	**30.** 2.34 × 7.5	**31.** 7.9 × 4.26	**32.** 9.37 × 8.6

Nombre ____________________

CAPÍTULO 3 ¡Tú puedes!

Vueltas y vueltas

Empieza por el número de la parte de arriba de los círculos. Multiplica o divide siguiendo el sentido de las agujas del reloj y completando los espacios en blanco con los números obtenidos en las operaciones. Si lo haces correctamente, el último resultado será el mismo número con el que empezaste.

1.

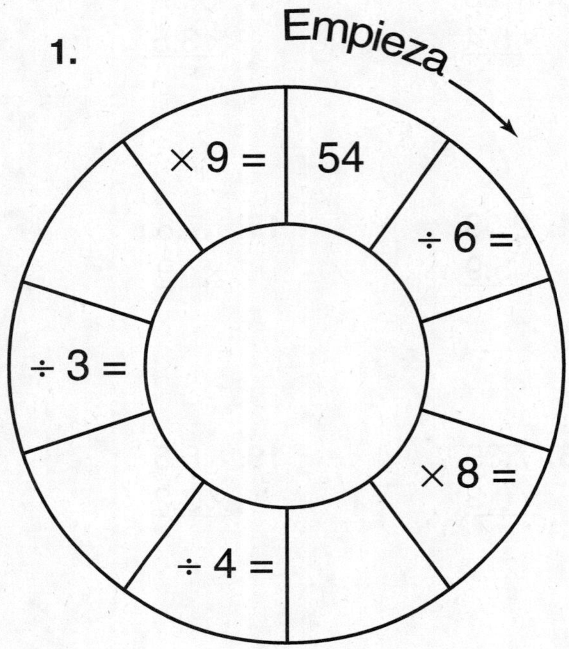

2.

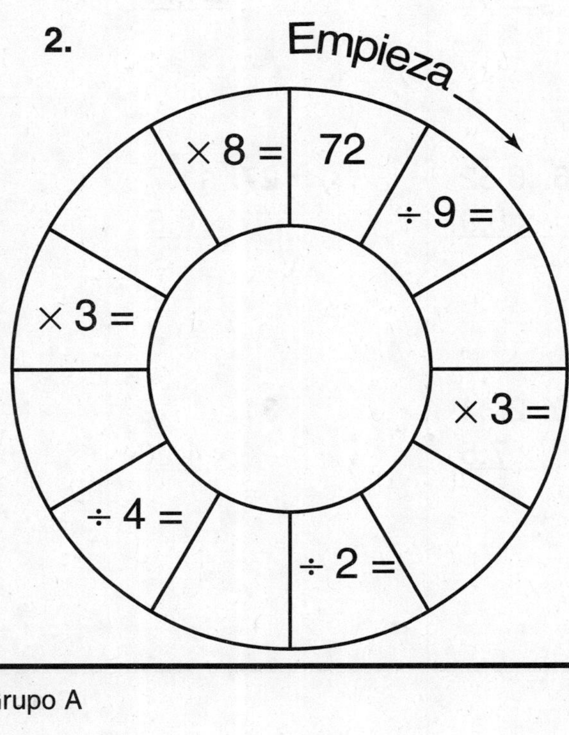

Nombre ____

3.

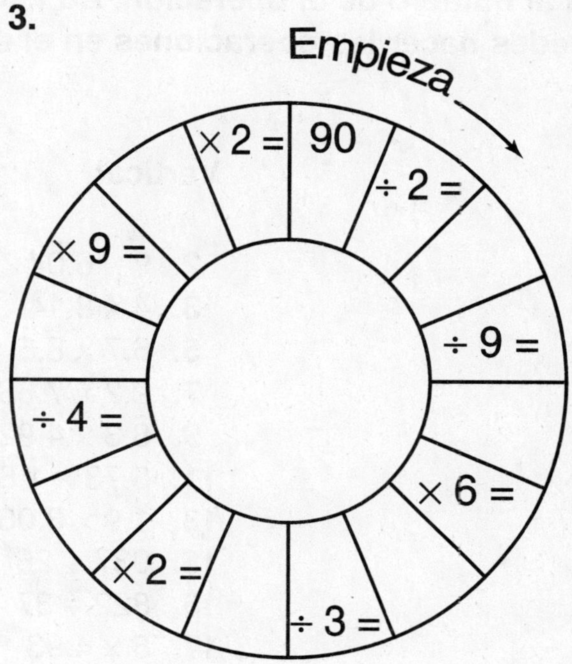

4.

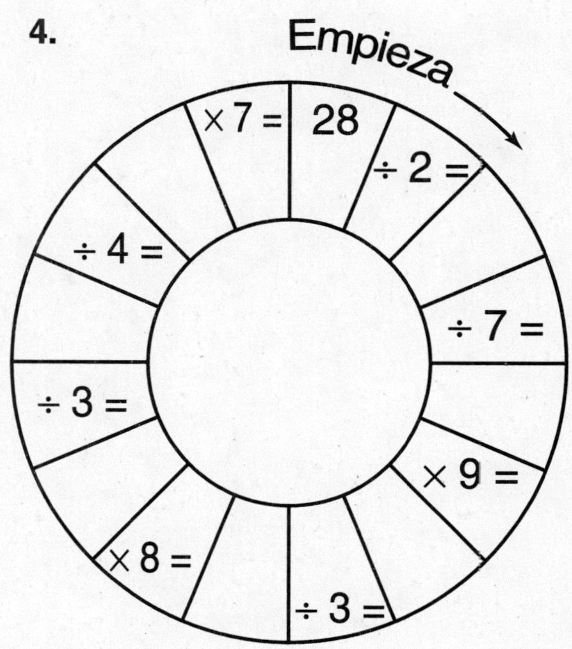

Nombre____

CAPÍTULO 3 ¡Tú puedes!

Crucigrama numérico

Usa los números para completar el crucigrama. Multiplica o divide y escribe el resultado de cada operación en los recuadros del crucigrama que corresponden al número de la operación. No escribas nunca el punto decimal. Puedes hacer las operaciones en el espacio en blanco de la página.

Horizontal

1. 8×3.2
4. $868 \div 31$
5. 9.4×5.64
6. 5.3×7.12
8. 4.6×9.79
10. $745 \div 24$
12. 2.5×7.53
14. $345 \div 23$
15. $762 \div 22$
16. 4.4×6.23
18. $659 \div 18$
21. 9×3.17
22. 6×1.3
23. 1.28×3.4

Vertical

2. 9×6.04
3. 4×8.14
5. 6.7×8.5
7. 9.2×7.63
9. 8.3×4.92
11. 5.73×1.8
13. 1.9×3.06
15. $937 \div 26$
16. $822 \div 37$
17. 5×4.93
19. $969 \div 57$
20. 3.8×2.58
21. 3×7.55

Nombre____

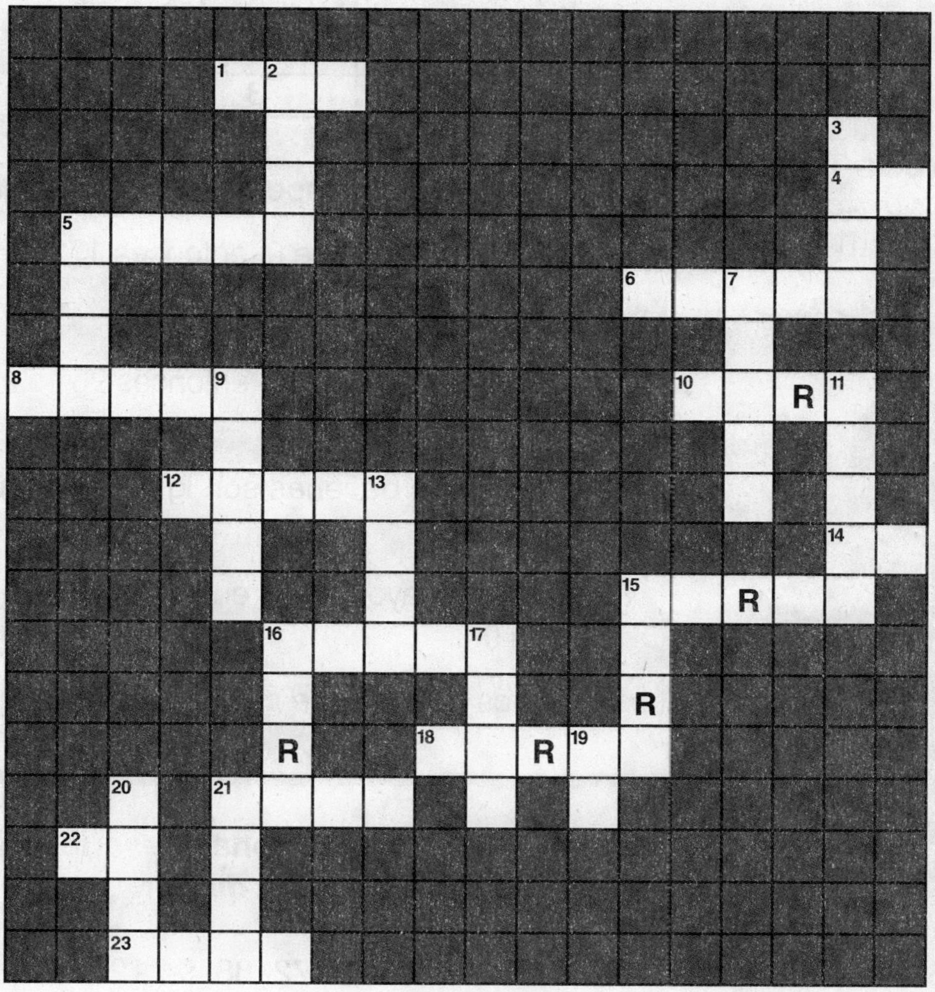

Nombre ______________________________

CAPÍTULO 4
Destrezas en acción

Ordena números

Aprende

Usa una tabla de valor posicional.

Escribe todos los números en una tabla de valor posicional.

centenas	decenas	unidades
1	7	3
	9	6
	8	3
	8	5

Compara los dígitos empezando por la izquierda.

- Como 1 es mayor que 0, entonces 173 es el número mayor.

Mira la columna del centro.

- Como 9 es mayor que 8, entonces 96 es el número que sigue a 173.

Como las demás decenas son iguales, mira la columna de la derecha.

- Como 5 es mayor que 3, entonces 85 es el número que sigue a 96.

Los números en orden de mayor a menor son: 173, 96, 85, 83.

Inténtalo • **Usa una tabla de valor posicional y escribe los números en orden de mayor a menor.**

1. 82 76 58 34 91 38

____

2. 98 153 72 88 94 123

____

Práctica de destrezas • **Escribe los números en orden de mayor a menor.**

3. 67 57 47 65 49 52

____

4. 80 78 77 82 85 75

____

Nombre____

CAPÍTULO 4

Destrezas en acción

Multiplica por números de 1 dígito

Aprende

¿Qué puedo hacer?
Quiero multiplicar por un número de 1 dígito.

Usa operaciones básicas y reagrupa.

$$\begin{array}{r} 48 \\ \times\ 7 \\ \hline \end{array}$$

Multiplica el dígito de las unidades del primer factor por el segundo factor. Reagrupa si es necesario.

$$\begin{array}{r} {\scriptstyle 5} \\ \mathbf{48} \\ \times\ \mathbf{7} \\ \hline \mathbf{6} \end{array} \qquad 7 \times 8 = 56$$

Luego multiplica el dígito de las decenas del primer factor por el segundo factor. Suma las decenas reagrupadas, si las hay.

$$\begin{array}{r} {\scriptstyle 5} \\ \mathbf{48} \\ \times\ \mathbf{7} \\ \hline \mathbf{33}6 \end{array} \qquad \begin{array}{l} 7 \times 4 = 28 \\ 28 + 5 = 33 \end{array}$$

Inténtalo

• **Usa operaciones básicas y reagrupa para hallar los productos.**

1. $\begin{array}{r} 32 \\ \times\ 3 \\ \hline \end{array}$ Piensa: 3 × 2 unidades; 3 × 3 decenas

2. $\begin{array}{r} 61 \\ \times\ 5 \\ \hline \end{array}$ Piensa: 5 × 1 unidades; 5 × 6 decenas

3. $\begin{array}{r} 48 \\ \times\ 4 \\ \hline \end{array}$ Piensa: 4 × 8 unidades; 4 × 4 decenas; 16 decenas + 3 decenas

Práctica de destrezas

• **Halla los productos.**

4. $\begin{array}{r} 93 \\ \times\ 7 \\ \hline \end{array}$ **5.** $\begin{array}{r} 22 \\ \times\ 4 \\ \hline \end{array}$ **6.** $\begin{array}{r} 25 \\ \times\ 6 \\ \hline \end{array}$ **7.** $\begin{array}{r} 56 \\ \times\ 8 \\ \hline \end{array}$

8. 73 × 5 = ______ **9.** 94 × 4 = ______ **10.** 83 × 9 = ______

Nombre ____________________

CAPÍTULO 4

Destrezas en acción

Divide entre divisores de 2 dígitos

Aprende

Usa la estimación y el cálculo mental.

52)968

Redondea el divisor y el dividendo.

52 se redondea a 50.
968 se redondea a 1,000.

Divide para estimar. Calcula mentalmente.

1,000 ÷ 50 = 20

El cociente debe ser un número cercano a 20.

¿Qué puedo hacer?
Quiero dividir entre un divisor de 2 dígitos.

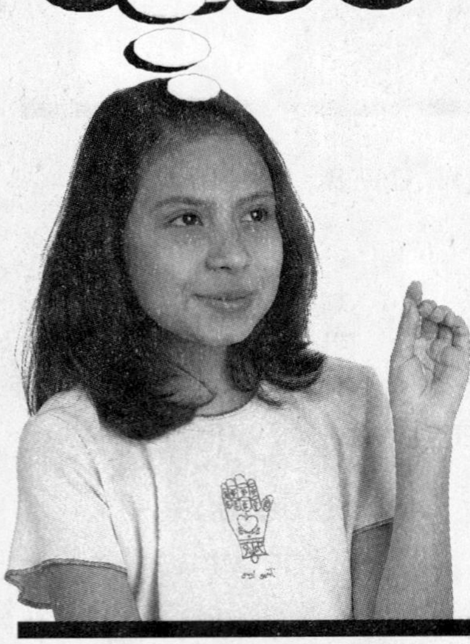

Divide los primeros dígitos del dividendo. Multiplica el divisor por el primer dígito del cociente y resta. Baja el dígito de las unidades.

```
     1
52)968
 − 52↓
   448
```

Divide el nuevo número por el divisor. Multiplica y resta.

```
    18 R32
52)968
 − 52
   448
 − 416
    32
```

Escribe el residuo junto al cociente.

Inténtalo • **Usa la estimación y el cálculo mental para hallar los cocientes.**

1. 20)803 Piensa: 800 ÷ 20

2. 48)795 Piensa: 800 ÷ 50

3. 99)511 Piensa: 500 ÷ 100

Nombre ______________________________

Práctica de destrezas • Halla los cocientes.

4. $75\overline{)612}$ **5.** $31\overline{)692}$ **6.** $26\overline{)528}$ **7.** $19\overline{)405}$

8. $41\overline{)878}$ **9.** $81\overline{)845}$ **10.** $47\overline{)544}$ **11.** $50\overline{)737}$

12. $34\overline{)915}$ **13.** $77\overline{)994}$ **14.** $18\overline{)612}$ **15.** $45\overline{)950}$

16. $84\overline{)902}$ **17.** $35\overline{)722}$ **18.** $67\overline{)790}$ **19.** $28\overline{)955}$

20. $57\overline{)623}$ **21.** $15\overline{)388}$ **22.** $71\overline{)867}$ **23.** $27\overline{)738}$

24. $962 \div 43 =$ ________ **25.** $844 \div 38 =$ ________ **26.** $847 \div 29 =$ ________

27. $583 \div 22 =$ ________ **28.** $935 \div 46 =$ ________ **29.** $850 \div 34 =$ ________

30. $419 \div 18 =$ ________ **31.** $729 \div 56 =$ ________ **32.** $934 \div 67 =$ ________

Nombre ____

CAPÍTULO 4
Destrezas en acción

Información en una tabla

Aprende

Usa hileras y columnas.

¿Cuál es el código postal de San José?

Ciudad	Población	Área	Código postal
San Diego	1,220,660	324 mi^2	92138
San Francisco	745,774	46.7 mi^2	94142
San José	861,284	171.3 mi^2	95113
Santa Ana	305,955	27.2 mi^2	92711

¿Qué puedo hacer?
Quiero leer información de una tabla.

Busca la **hilera** de San José y la **columna** de los códigos postales. En el recuadro donde la hilera y la columna se juntan encontrarás el código postal de San José.

Ciudad	Población	Área	Código postal
San Diego	1,220,660	324 mi^2	92138
San Francisco	745,774	46.7 mi^2	94142
San José	861,284	171.3 mi^2	95113
Santa Ana	305,955	27.2 mi^2	92711

El código postal de San José es 95113.

Inténtalo

• **Mira las hileras y las columnas para contestar las preguntas.**

Ciudad	Código postal	Código de área
La Mesa	91941	935
La Palma	90623	714
La Puente	91747	626
La Verne	91750	909

1. ¿Cuál es el código de área de La Palma?

____

2. ¿Cuál es el código postal de La Verne?

____

3. ¿Cuál es el código de área de La Mesa?

____

4. ¿Cuál es el código postal de La Puente?

____

Nombre ______________________________

CAPÍTULO 4
Destrezas en acción

Práctica de destrezas

- **Usa la tabla para contestar las preguntas.**

Población de ciudades seleccionadas

Ciudad	1900	1950	1990
Riverside, CA	7,973	46,764	226,546
Sacramento, CA	29,282	137,572	369,365
San José, CA	21,500	95,280	782,224
Los Ángeles, CA	102,479	1,970,358	3,485,557
Stockton, CA	17,506	70,853	210,943
Anaheim, CA	1,456	14,556	366,406

5. ¿Cuál era la población de Los Ángeles en 1950? ______________

6. ¿Cuál era la población de Sacramento en 1900? ______________

7. ¿Cuál era la población de Riverside en 1990? ______________

8. ¿Cuál era la diferencia de población entre Los Ángeles y Stockton en 1900?

____

9. ¿Cuál era la diferencia de población entre San José y Anaheim en 1990?

____

10. ¿Cuál era la diferencia de población entre Riverside y Sacramento en 1950?

____

11. ¿Qué ciudad tenía una población de 95,280? ¿En qué año?

____

12. ¿Qué ciudades tenían menos de 10,000 habitantes en 1900? ¿Cuántos habitantes tenían entonces? ______________

Nombre ____________________

Puntos en una recta numérica

CAPÍTULO 4

Destrezas en acción

Aprende

Usa lo que sabes sobre el orden de los números.

¿Qué número es 2 números mayor que 8?

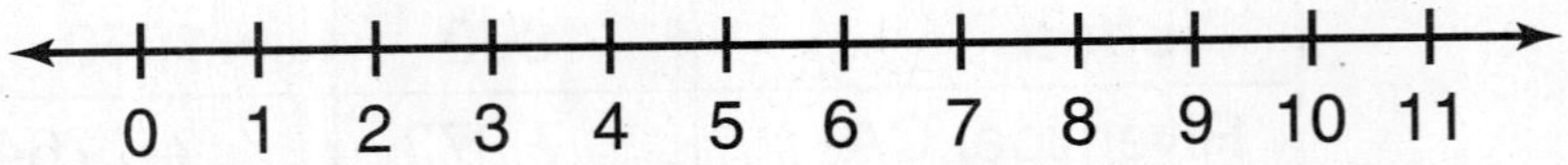

Recuerda que, en una recta numérica, los números aparecen en orden de mayor a menor, de izquierda a derecha.

Halla el número 8. Como buscas un número mayor, debes contar 2 números hacia la derecha.

¿Qué puedo hacer?
Quiero hallar un punto en una recta numérica.

Si buscaras un número menor, tendrías que contar hacia la izquierda.

Las rectas numéricas también pueden mostrar decimales y fracciones.

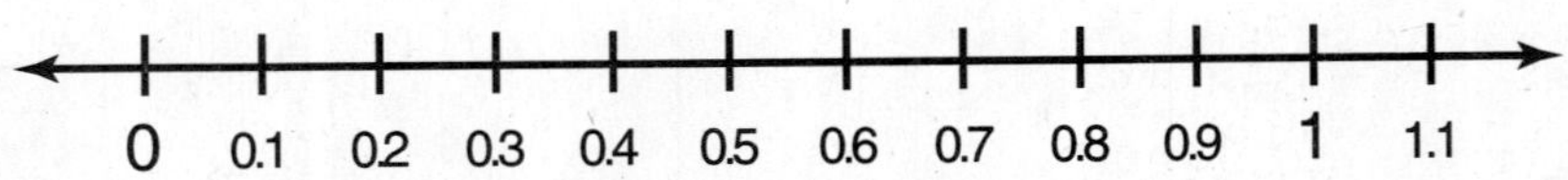

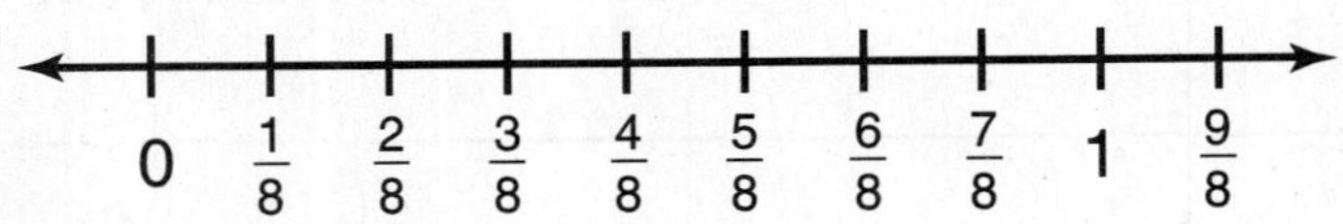

Inténtalo

Usa lo que sabes sobre el orden de los números para hallar el valor de los puntos en la recta numérica.

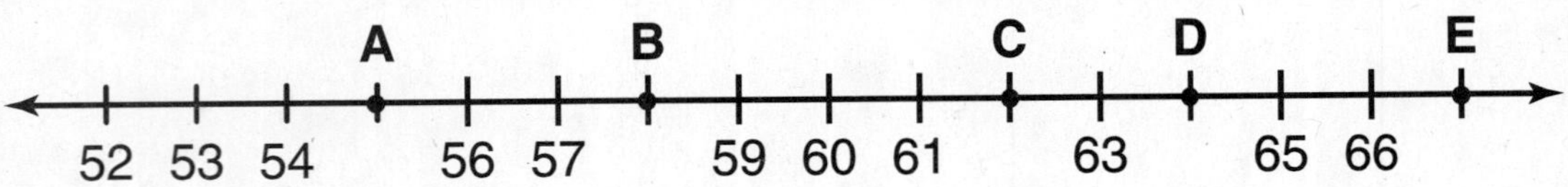

1. ¿A qué número representa la letra C? __________

Nombre ______________________________

CAPÍTULO 4

Destrezas en acción

2. ¿A qué número representa la letra A? __________

3. ¿Cuántos números enteros hay entre los puntos B y D? _______

4. ¿Qué número está 5 puntos por encima del número que representa el punto B? ________

Práctica de destrezas • **Usa la recta numérica para responder a las preguntas.**

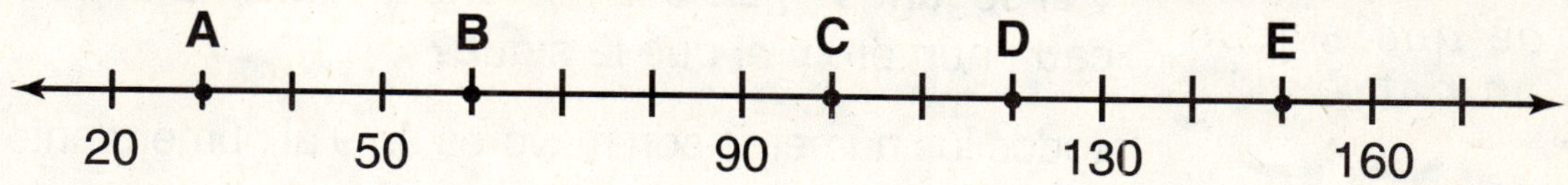

5. ¿A qué número representa el punto D? __________

6. ¿A qué número representa el punto B? __________

7. ¿Qué número entero está representado por el punto entre las letras C y D? ______

8. ¿Qué punto está 7 puntos a la izquierda de 130? _______________

¿A qué número representa ese punto? _______________

9. ¿A qué número entero representa el punto que está 3 puntos a la derecha ? __________

10. ¿A qué número entero representa el punto que está 4 puntos a la derecha del que representa 60? __________

11. ¿Qué punto está 5 puntos a la izquierda del punto E? _______________

¿A qué número representa ese punto? _______________

Nombre____

CAPÍTULO 4
Destrezas en acción

Patrones de conteo

Aprende

¡Qué puedo hacer? Quiero hallar los números que siguen en un patrón.

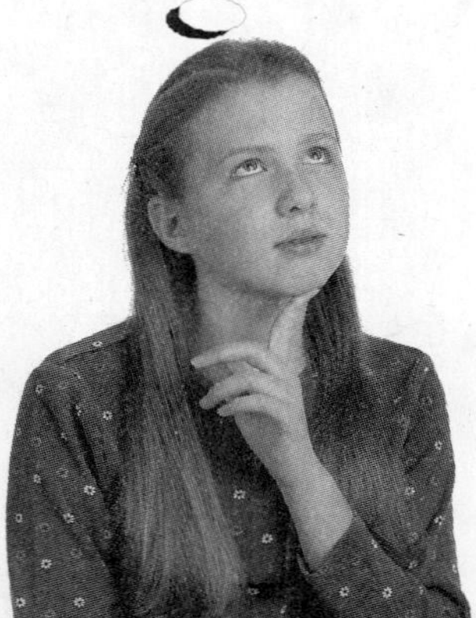

Usa operaciones básicas.

Halla los tres números siguientes en este patrón.

9, 18, 27, 36, ____, ____, ____

Si el número que sigue a otro es siempre mayor que el anterior, piensa en la suma. Si es menor que el anterior, piensa en la resta.

Piensa: ¿Cuál es la diferencia entre el primer número y el segundo? ¿Es esa diferencia la misma entre cada número y el que le sigue?

Todos los números son mayores en 9 al número anterior.

El patrón es: sumar 9.

Suma 9 tres veces para completar el patrón.

9, 18, 27, 36, **(36 + 9)**, ____, ____

9, 18, 27, 36, **45**, **(45 + 9)**, ____

9, 18, 27, 36, **45**, **54**, **(54 + 9)**

9, 18, 27, 36, **45**, **54**, **63**

Inténtalo

• Usa operaciones básicas para completar los patrones de suma o resta.

1. 5, 10, 15, 20, ____, ____, ____

2. 60, 54, 48, 42, ____, ____, ____

3. 7, 14, 21, 28, ____, ____, ____

4. 38, 35, 32, 29, ____, ____, ____

Práctica de destrezas

• Completa los patrones de suma o resta.

5. 12, 24, 36, 48, ____, ____, ____

6. 93, 86, 79, 72, ____, ____, ____

7. 10, 25, 40, 55, ____, ____, ____

8. 60, 52, 44, 36, ____, ____, ____

Nombre____

Valor posicional

CAPÍTULO 4

Destrezas en acción

Aprende

¿Qué puedo hacer?
Quiero hallar el valor posicional de un dígito en un número.

Usa la posición de cada dígito para hallar su valor.

Millones			Millares			Unidades		
centenas	decenas	unidades	centenas	decenas	unidades	centenas	decenas	unidades
8	6	3	2	9	1	0	4	7

El valor del dígito 2 es 200,000.

Inténtalo

• **Usa la tabla de valor posicional. Escribe el valor del dígito subrayado en cada número.**

	Millones			Millares			Unidades			
	centenas	decenas	unidades	centenas	decenas	unidades	centenas	decenas	unidades	
1.	4	6	5,	8	2	4,	8	3	3	____________
2.	2	8	5,	8	4	6,	1	9	5	____________

Práctica de destrezas

• **Escribe el valor de los dígitos subrayados.**

3. 164,710,534 ____________ **4.** 852,591,663 ____________

5. 691,004,672 ____________ **6.** 580,361,472 ____________

Nombre____

CAPÍTULO 4

¡Tú puedes!

Divide y vencerás

Juega con un compañero o compañera. Túrnense. Decidan lanzando una moneda quién empieza. El primer jugador elige una division de la página siguiente y la resuelve. Luego, marca en la tabla de abajo el recuadro con el número que obtuvo como residuo de la división. Gana el primer jugador que marque todos los recuadros, del 0 al 10.

Las divisiones resueltas no pueden volver a usarse. Para recordar las que ya usaron pueden escribir una V en el recuadro junto a las operaciones que resuelvan.

Si el jugador obtiene un resultado incorrecto, no marca el recuadro de la tabla.

El jugador que encuentre y resuelva la operación cuyo residuo es 11, gana automáticamente el juego.

Piensa: Si necesitas un residuo de 7 para ganar el juego, ¿qué tipo de división buscarías?

Residuo	0	1	2	3	4	5	6	7	8	9	10
Jugador 1											
Jugador 2											

Nombre ____

❑ $4\overline{)372}$	❑ $7\overline{)586}$	❑ $12\overline{)704}$	❑ $13\overline{)958}$
❑ $3\overline{)298}$	❑ $17\overline{)758}$	❑ $8\overline{)479}$	❑ $7\overline{)256}$
❑ $24\overline{)394}$	❑ $16\overline{)505}$	❑ $3\overline{)260}$	❑ $10\overline{)585}$
❑ $9\overline{)575}$	❑ $16\overline{)692}$	❑ $15\overline{)413}$	❑ $6\overline{)285}$
❑ $14\overline{)739}$	❑ $3\overline{)264}$	❑ $8\overline{)452}$	❑ $13\overline{)371}$
❑ $9\overline{)376}$	❑ $13\overline{)664}$	❑ $17\overline{)652}$	❑ $5\overline{)393}$
❑ $8\overline{)434}$	❑ $14\overline{)468}$	❑ $15\overline{)429}$	❑ $12\overline{)708}$
❑ $4\overline{)291}$	❑ $11\overline{)469}$	❑ $19\overline{)732}$	❑ $8\overline{)766}$
❑ $15\overline{)737}$	❑ $8\overline{)448}$	❑ $4\overline{)269}$	❑ $9\overline{)581}$

Nombre ____

CAPÍTULO 4 ¡Tú puedes!

Dibujo escondido

Junto a cada uno de los recuadros de abajo hay dos operaciones. Resuélvelas. Los resultados te indicarán la hilera y la columna para ubicar un recuadro en la cuadrícula de la página siguiente.

Copia la imagen del recuadro pequeño en el recuadro correspondiente de la cuadrícula. Cuando completes la cuadrícula, sabras cuál es tu premio.

1. Hilera: 6 × 71
Columna: 4 × 124

2. Hilera: 3 × 114
Columna: 482 + 274

3. Hilera: 4 × 94
Columna: 3 × 252

4. Hilera: 4 × 115
Columna: 894 – 398

5. Hilera: 918 – 576
Columna: 4 × 63

6. Hilera: 5 × 92
Columna: 5 × 56

7. Hilera: 8 × 47
Columna: 897 – 645

8. Hilera: 9 × 38
Columna: 8 × 62

9. Hilera: 3 × 142
Columna: 7 × 40

10. Hilera: 4 × 86
Columna: 1,021 – 525

11. Hilera: 177 + 283
Columna: 4 × 189

12. Hilera: 8 × 43
Columna: 123 + 157

13. Hilera: 217 + 159
Columna: 8 × 35

14. Hilera: 848 – 388
Columna: 7 × 36

Nombre____

15. Hilera: 158 + 268
Columna : 975 – 219

16. Hilera: 245 + 97
Columna : 884 – 604

17. Hilera: 831 – 487
Columna : 9 × 84

18. Hilera: 1,004 – 628
Columna : 237 + 259

19. Hilera: 815 – 389
Columna : 871 – 619

20. Hilera: 169 + 175
Columna : 9 × 28

	496 ↓	**252** ↓	**280** ↓	**756** ↓
342 →				
376 →				
344 →				
460 →				
426 →				

Nombre______________________________________

Números pares e impares

Aprende

¿Qué puedo hacer?
Quiero saber si un número es par o impar.

Usa la división.

Divide el dígito en la posición de unidades del número entre 2.

27**6** $6 \div 2 = 3$

28**3** $3 \div 2 = 1$ R1

Si el número es par, no habrá residuo. Si el número es impar, el residuo será 1.

276 es un número par.

283 es un número impar.

Inténtalo

Divide el dígito en la posición de unidades entre 2 y escribe par o impar.

1. 756 ______ **2.** 3,957 ______ **3.** 59,278 ______

Práctica de destrezas

Rodea con un círculo los números impares.

4. 412 **5.** 925 **6.** 4,729

7. 7,934 **8.** 2,007 **9.** 8,498

10. 6,832 **11.** 1,856 **12.** 63,067

13. 52,603 **14.** 37,593 **15.** 59,375

16. 88,254 **17.** 79,151 **18.** 65,380

Nombre________________________________

CAPÍTULO 5

Destrezas en acción

Divide entre números de 1 dígito

Aprende

¿Qué puedo hacer?
Quiero dividir entre un divisor de 1 dígito.

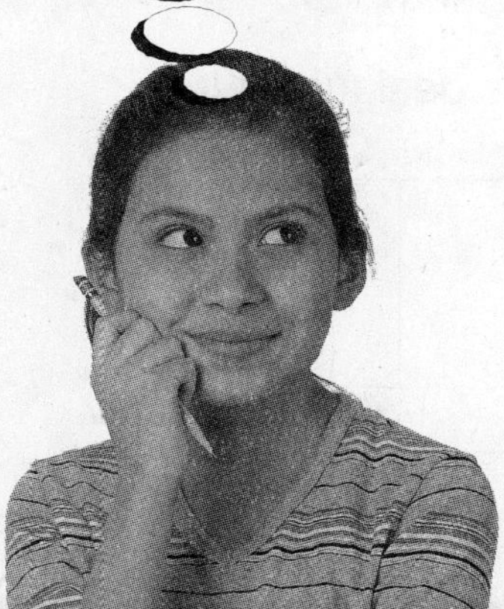

Usa operaciones básicas.
Divide de izquierda a derecha. Reagrupa si es necesario. Si hay residuo, escríbelo junto al cociente.

```
    1          14          14 R4
 5)74        5)74        5)74
  -5          -5          -5
   24          24          24
              -20         -20
                            4
```

Inténtalo

• **Completa las divisiones.**

```
     3             1             1             1
1. 3)94       2. 5)83       3. 4)58       4. 6)87
   -9            -5            -4            -6
    4             33
```

Práctica de destrezas

• **Halla los cocientes.**

5. 7)58 **6.** 9)79 **7.** 4)29 **8.** 3)51

9. 5)872 **10.** 9)634 **11.** 8)421 **12.** 7)998

Nombre ____

CAPÍTULO 5

Destrezas en acción

Fracciones

Aprende

¿Qué puedo hacer?
Quiero saber qué figura tiene partes iguales.

Usa la geometría.

Sólo las figuras que tienen partes iguales se pueden describir con fracciones. Usa lo que sabes sobre geometría para reconocer partes iguales.

¿Tienen todas las partes el mismo tamaño y forma?

Partes iguales

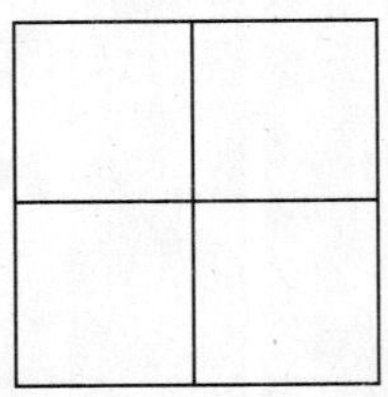

Partes desiguales

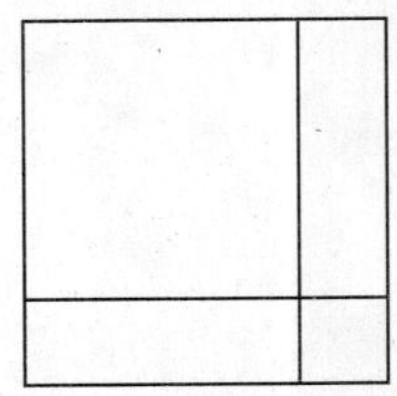

Inténtalo

Usa la geometría. ***Escribe partes iguales o partes desiguales.***

1.

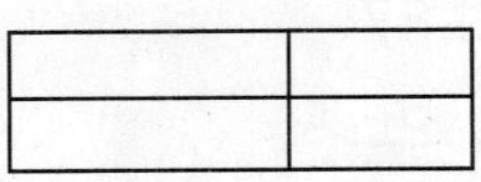

____

2.

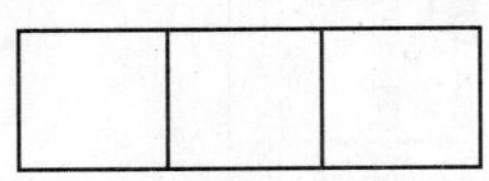

____

3.

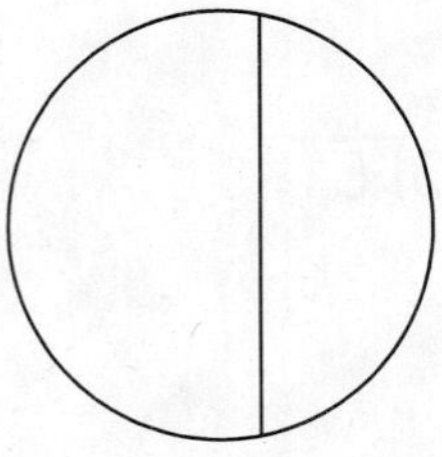

____

4.

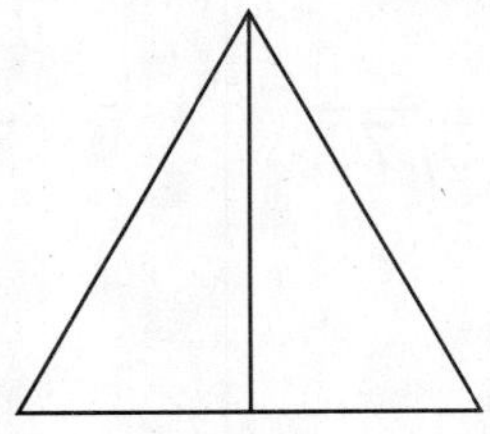

____

Nombre________________________

Práctica de destrezas

- Escribe *partes iguales o partes desiguales.*

5.

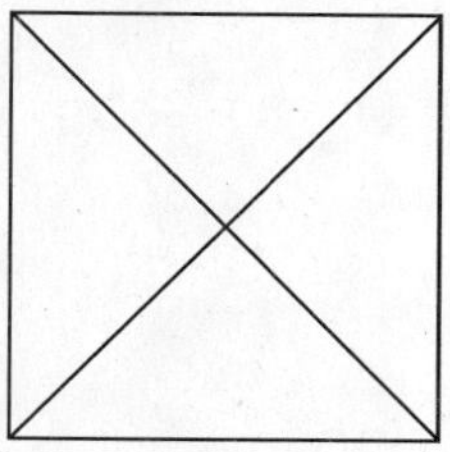

6.

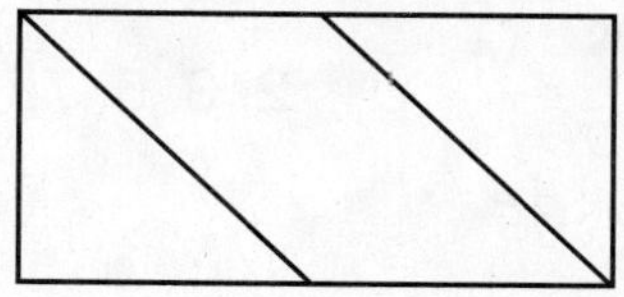

7.

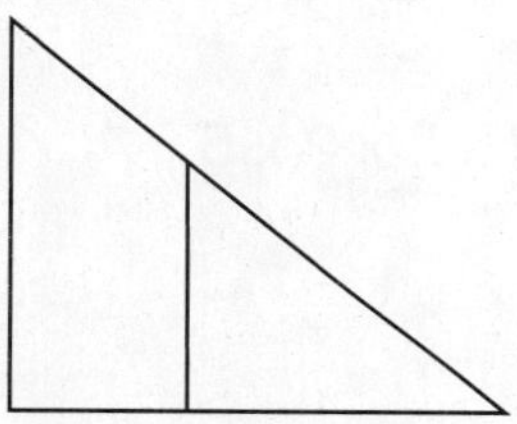

8.

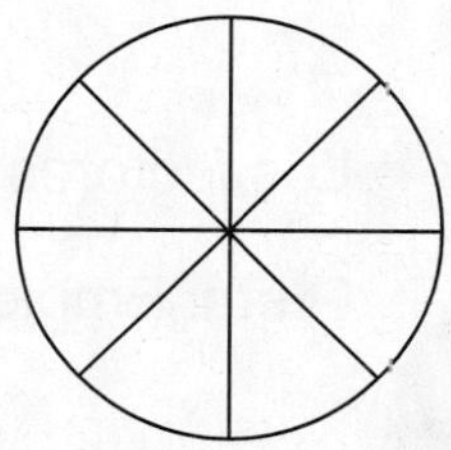

9.

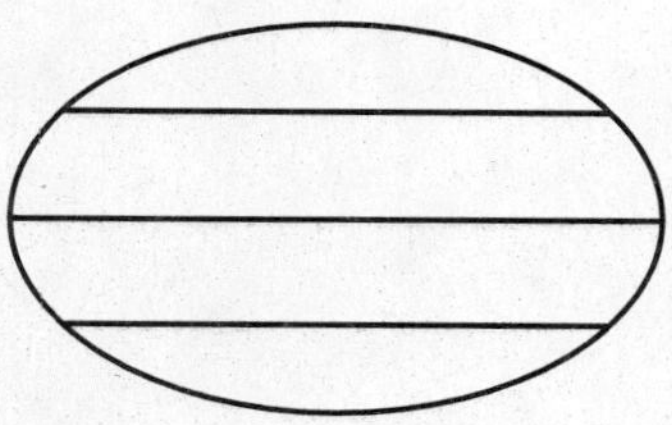

10.

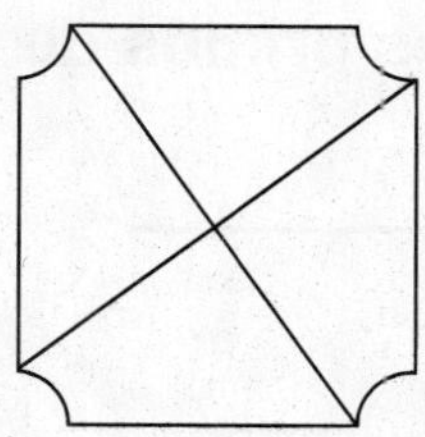

11.

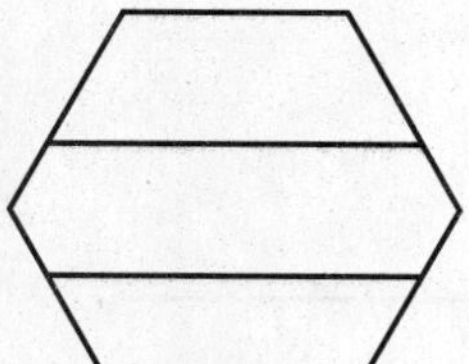

12.

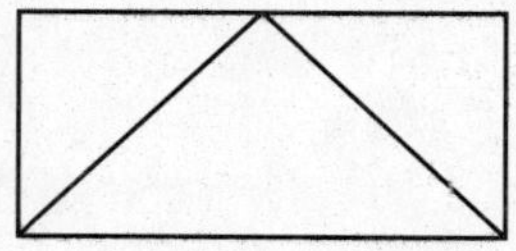

Nombre ______________________

CAPÍTULO 5
Destrezas en acción

Factores primos

Aprende

¿Qué puedo hacer?
Quiero hallar los factores primos de un número.

Usa la división y un diagrama de árbol.

Divide entre números primos para hallar cocientes sin residuos.

Números primos:

2, 3, 5, 7, 11, 13, 17 ...

80 ÷ **2** = 40
40 ÷ **2** = 20
20 ÷ **2** = 10
10 ÷ **2** = **5**

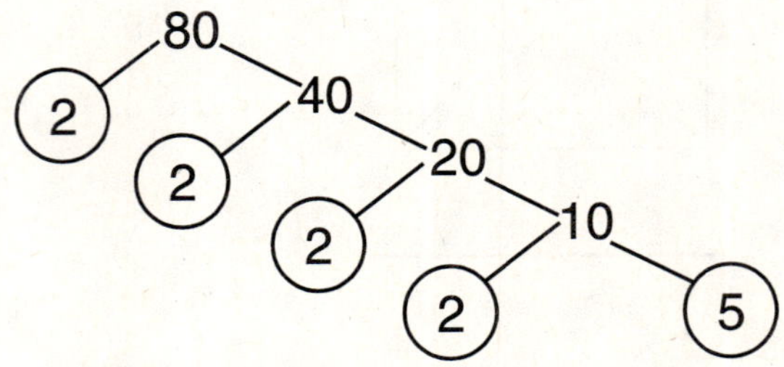

Los factores primos de 80 son: 2 x 2 x 2 x 2 x 5.

Pista: Empieza a dividir con 2 ó 3.

Inténtalo • **Usa la división y un diagrama de árbol. Halla los factores primos de los números.**

1. 18 ______________________

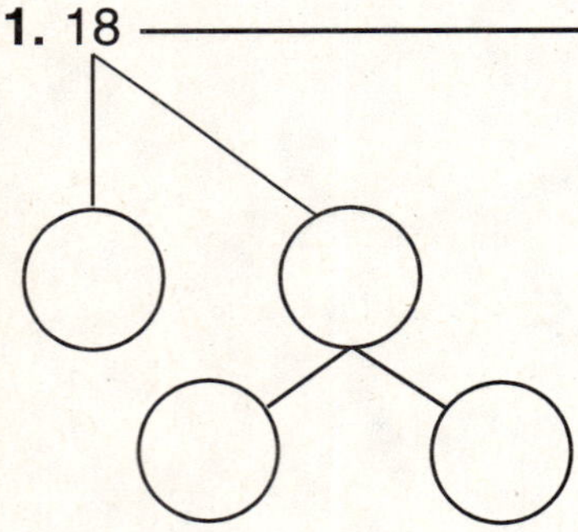

2. 54 ______________________

3. 30 ______________________

4. 63 ______________________

Nombre____

Práctica de destrezas • **Halla los factores primos de los números.**

5. 66 ______________________ **6.** 70 ______________________

7. 72 ______________________ **8.** 102 ______________________

9. 128 ______________________ **10.** 175 ______________________

11. 294 ______________________ **12.** 351 ______________________

13. 420 ______________________ **14.** 495 ______________________

Nombre ____________________

CAPÍTULO 5
Destrezas en acción

Divide entre números de 2 dígitos

Aprende

Usa la estimación y el cálculo mental.

Estima para hallar el cociente. Luego, divide.

$62\overline{)2{,}891}$

Estima: 3,000 ÷ 60 = 50

Divide:

```
    4               46            46 R39
62)2,891        62)2,891       62)2,891
  -248            -248           -248
    41             411            411
                  -372           -372
                                   39
```

Inténtalo

• Completa para hallar los cocientes.

```
       1                 1                 8                 2
1. 26)3,892      2. 49)6,118      3. 94)7,993      4. 18)4,501
     -2 6↓            -4 9↓            -7 52↓           -3 6↓
      1 29             1 21              47               90
```

Práctica de destrezas

• Halla los cocientes.

5. $54\overline{)3{,}825}$ 6. $79\overline{)9{,}172}$ 7. $27\overline{)5{,}983}$ 8. $39\overline{)7{,}722}$

9. $87\overline{)1{,}653}$ 10. $93\overline{)4{,}277}$ 11. $60\overline{)8{,}735}$ 12. $37\overline{)8{,}000}$

Nombre____

Escribe las divisiones y halla los cocientes.

13. 5,396 ÷ 44 = ______________

14. 8,432 ÷ 29 = ______________

15. 2,196 ÷ 36 = ______________

16. 3,819 ÷ 52 = ______________

17. 8,467 ÷ 17 = ______________

18. 9,503 ÷ 73 = ______________

19. 3,129 ÷ 11 = ______________

20. 4,688 ÷ 34 = ______________

Aprende en la escuela y en el hogar

Divisiones sabrosas

Puedes jugar con amigos o familiares. Busca en tu casa envases o latas de comida.

En los envases aparece el peso del contenido.

Tienen 15 minutos para dividir el contenido de tres maneras diferentes. Halla cuántos gramos de contenido obtendría cada persona si repartiera por partes iguales:

1. entre los miembros de tu familia
2. entre 16 personas
3. entre 33 personas

Gana el jugador que resuelva más divisiones correctamente.

Nombre____

CAPÍTULO 5

Destrezas en acción

Ordena decimales

Aprende

¿Qué puedo hacer?
Quiero ordenar decimales de menor a mayor.

Usa el valor posicional.

Usa el valor posicional para comparar decimales. Ve de izquierda a derecha y compara los dígitos en cada posición.

unidades	.	décimos	centésimos	milésimos
4	.	7	9	**5**
4	.	7	9	**8**

Los dígitos son iguales en las posiciones de las unidades, de los décimos y de los centésimos; por lo tanto, mira la posición de los milésimos.

Como 8 > 5, 4.798 es mayor que 4.795.

Inténtalo

Usa el valor posicional. Escribe los decimales en orden de menor a mayor.

1. 3.61, 3.72, 3.851, 3.75

____

2. 8.062, 8.159, 8.076, 8.195

____

3. 5.73, 5.83, 5.37, 5.38

____

4. 7.164, 7.614, 7.641, 7.146

____

5. 2.87, 2.76, 2.78, 2.67

____

6. 9.864, 9.846, 9.648, 9.468

____

Nombre ______________________________

Práctica de destrezas

• **Escribe los decimales en orden de menor a mayor.**

7. 9.30, 9.03, 9.32, 9.23

____

8. 4.713, 4.173, 4.37, 4.73

____

9. 5.24, 5.5, 5.425, 5.42, 5.452, 5.245, 5.524, 5.542

____

10. 8.34, 8.4, 8.3, 8.364, 8.634, 8.436, 8.643, 8.346

____

11. 1.847, 1.874, 1.748, 1.784, 1.78, 1.8, 1.4, 1.478

____

12. 6.207, 2.607, 6.702, 6.7, 6.72, 6.027, 6.072, 6.27

____

13. 2.712, 2.207, 2.721, 2.072, 2.170, 2.7, 2.017, 2.701

____

Nombre ____________________

CAPÍTULO 5 ¡Tú puedes!

Números secretos

Lee las pistas y resuelve los enigmas para hallar los números secretos.

1. Si me divides entre 4, no obtendrás residuo. Soy mayor que 6 x 5 y menor que 2 x 18. ¿Qué número soy? ____________

2. Si me divides entre 7, no obtendrás residuo. Soy mayor que 9 x 9 y menor que 2 x 3 x 3 x 5. ¿Qué número soy? ____________

3. Soy múltiplo de 13. Soy menor que 405 ÷ 5 y mayor que 2 x 2 x 2 x 3 x 3. ¿Qué número soy? ____________

4. Si me divides entre 6, no obtendrás residuo. Soy mayor que 739 – 651 y menor que 5 x 19. ¿Qué número soy? ____________

5. Soy múltiplo de 9. Soy mayor que 735 ÷ 7 y menor que 398 – 285. ¿Qué número soy? ____________

6. Si me divides entre 7, obtendrás 3 como residuo. Soy mayor que 3 x 3 x 3 x 3 y menor que 570 ÷ 6. Soy un número impar. ¿Qué número soy? ____________

7. Si me divides entre 9, obtendrás 2 como residuo. Soy mayor que 2 x 2 x 2 x 2 x 2 x 2 y menor que 255 – 188. Soy un número impar. ¿Qué número soy? ____________

8. Si me divides entre 14, no obtendrás residuo. Soy mayor que 5 x 5 x 5 y menor que 368 – 240. Soy un número par. ¿Qué número soy? ____________

Nombre ____________________

9. Soy un número primo. Soy menor que 2 x 2 x 3 x 5 y mayor que 696 ÷ 12. ¿Qué número soy? ____________

10. Si me divides entre 5, no obtendrás residuo. Soy mayor que 7 x 12 y menor que 421 – 333. Soy un número impar. ¿Qué número soy? ____________

11. Si me divides entre 9, obtendrás 6 como residuo. Si me divides entre 3, no obtendrás residuo. Soy mayor que 2 x 2 x 2 x 2 x 2 x 2 y menor que 360 ÷ 5 ¿Qué número soy? ____________

12. Si me divides entre 4, obtendrás 3 como residuo. Soy mayor que 612 ÷ 9 y menor que 2 x 2 x 2 x 3 x 3. ¿Qué número soy? ____________

13. Si me divides entre 12, no obtendrás residuo. Soy mayor que 725 – 587 y menor que 4 x 37. ¿Qué número soy? ____________

14. Si me divides entre 8, obtendrás 5 como residuo. Soy el producto de dos números primos que son mayores que 5 y menores que 13. ¿Qué número soy? ____________

Escribe un enigma para hallar un número secreto.

____

____

Nombre ______________________

CAPÍTULO 5 ¡Tú puedes!

Búsqueda de números primos

Halla todos los números primos del 1 al 100.

1. Tacha el 1 en el cuadro, porque 1 tiene sólo un factor.

2. Haz un círculo alrededor del 2, el menor número primo. Tacha todos los múltiplos de 2 en el cuadro.

3. Haz un círculo alrededor del siguiente número primo, el 3. Tacha todos los múltiplos de 3 que aún no estén tachados.

4. Repite el proceso hasta llegar a 100. Los números que tengan un círculo alrededor son los números primos del 1 al 100.

Pista: Debe haber 25 números con un círculo.

1	2	3	4	5	6	7	8	9	10
11	12	13	14	15	16	17	18	19	20
21	22	23	24	25	26	27	28	29	30
31	32	33	34	35	36	37	38	39	40
41	42	43	44	45	46	47	48	49	50
51	52	53	54	55	56	57	58	59	60
61	62	63	64	65	66	67	68	69	70
71	72	73	74	75	76	77	78	79	80
81	82	83	84	85	86	87	88	89	90
91	92	93	94	95	96	97	98	99	100

Escribe los números primos:

____

____

Nombre ____

Los nombres de los números primos que has encontrado están en esta sopa de letras. Busca las 25 palabras y haz una línea a su alrededor. Las palabras pueden estar en sentido horizontal o vertical y algunas letras se usan en más de una palabra. La primera palabra ya está marcada.

D O S W S T H K T V A D C B N C E S
A E E D U I O V R Y G I U C A I N O
U L S I E T E W E C A E A Q Z N O Y
S D E F U O P J I D S C R I J C N T
S O N C E X E D N M V I E Q V U K D
O P T I T H F A O R T N N Y E E C I
H G A J G A B I O G H U T S I N D E
F O Y W S D U I O J H E A E N T P C
I D S C X Z Y I O H N V Y T T A L I
V E I N T I T R E S D E T E I Y N S
R A E G J I O N B D E A R N N N C I
O Y T S E R T V B U G F E T U U I E
O S E T E N T A Y T R E S A E E N T
C U A R E N T A Y U N O Z Y V V C E
H S R T Y C O C S E W K L U E E U X
E I H J K E D I X Z Q A U N X I E I
N Y F S E S E N T A Y U N O D W N D
T D S I T R E C E S I O H B L R T W
A D F T L P U O D A E R C X T K A C
Y C S E T E N T A Y N U E V E X Y S
T T R E I N T A Y U N O C R W E T L
R R C A O I L T Y W G Y X Y A O R J
E E P A T R E I N T A Y S I E T E Q
S S N O V E N T A Y S I E T E G S Z
O C H E N T A Y N U E V E S O I G R
D Y U I C U A R E N T A Y S I E T E

Nombre ____

CAPÍTULO 6
Destrezas en acción

Mínimo común múltiplo

Aprende

¿Qué puedo hacer?
Quiero hallar el mínimo común múltiplo de dos números.

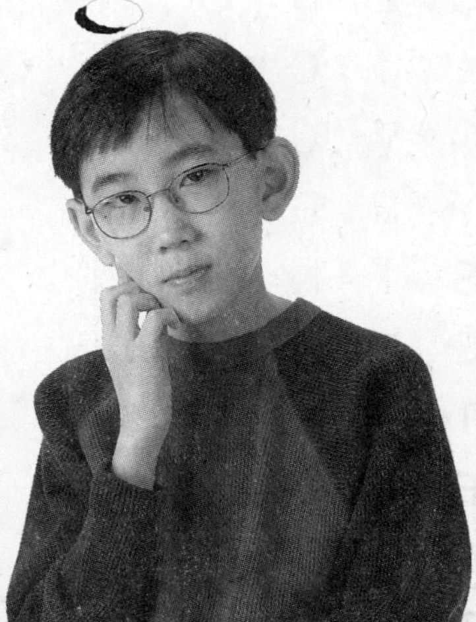

Usa una lista.

Haz listas de múltiplos de cada número. Multiplica por 1, 2, 3, y así sucesivamente hasta que tengas al menos 8 múltiplos. Luego puedes añadir más múltiplos a las listas si los necesitas.

3	3	6	9	12	15	18	21	24
4	4	8	12	16	20	24	28	32

Busca números iguales en ambas listas.

3	3	6	9	(**12**)	15	18	21	(**24**)
4	4	8	(**12**)	16	20	(**24**)	28	32

De los múltiplos comunes, elige el número menor. El mínimo común múltiplo (mcm) de 3 y 4 es 12.

Inténtalo

• **Usa una lista. Halla el mínimo común múltiplo (mcm) de los pares o grupos de números.**

1. 5: 5, 10, ____________________
8: 8, 16, ____________________
mcm: ________

2. 3: 3, 6, ____________________
2: 2, 4, ____________________
mcm: ________

3. 2: ____________________
5: ____________________
mcm: ________

4. 2: ____________________
3: ____________________
5: ____________________
mcm: ________

Nombre____

Práctica de destrezas

• Halla el mínimo común múltiplo de los pares o grupos de números.

5. 3 y 8 ________

6. 4 y 9 ________

7. 2 y 7 ________

8. 4 y 6 ________

9. 3 y 5 ________

10. 7 y 3 ________

11. 6 y 8 ________

12. 4 y 8 ________

13. 2, 3 y 8 ________

14. 2, 4 y 8 ________

15. 3, 4 y 5 ________

16. 3, 4 y 9 ________

17. 2 y 9 ________

18. 5 y 6 ________

19. 4, 5 y 6 ________

20. 5 y 9 ________

21. 2, 5 y 9 ________

22. 4 y 7 ________

Aprende en la escuela y en el hogar

Cubos y mínimos

Juega con un compañero o compañera. Túrnense. Cada jugador empieza con 200 puntos.

- Lancen dos cubos numéricos y hallen el mínimo común múltiplo de los dos números obtenidos.
- Si el resultado es correcto, resten ese número de sus puntos. Si es incorrecto, sumen 2 puntos más.
- Gana el primer jugador que consiga tener 0 puntos.

Para hacerlo más difícil, jueguen con tres o cuatro cubos y hallen el mcm de todos los números. También pueden hallar el mcm del doble de los números que muestren los cubos.

Nombre ____

CAPÍTULO 6

Destrezas en acción

Mínimo común denominador

Aprende

¿Qué puedo hacer?
Quiero hallar el mínimo común denominador de dos fracciones.

Usa el mínimo común múltiplo (mcm) de los denominadores.

Haz una lista con los múltiplos de cada denominador.

$\frac{2}{3}$	3	6	9	12	15	18	21	24
$\frac{1}{5}$	5	10	15	20	25	30	35	40

Halla el mínimo común múltiplo de ambos denominadores.

$\frac{2}{3}$	3	6	9	12	(15)	18	21	24
$\frac{1}{5}$	5	10	(15)	20	25	30	35	40

Usa el mcm como mínimo común denominador (mcd) de las fracciones. $\frac{2}{3} = \frac{10}{15}$ $\frac{1}{5} = \frac{3}{15}$

Inténtalo • **Usa el mínimo común múltiplo. Halla el mínimo común denominador (mcd) de los pares o grupos de fracciones.**

1. $\frac{1}{3}$: 3, 6, ______________________

   $\frac{1}{2}$: 2, 4, ______________________

   mcd: ________

2. $\frac{3}{5}$: 5, 10, ______________________

   $\frac{1}{4}$: 4, 8, ______________________

   mcd: ________

3. $\frac{3}{8}$: ______________________

   $\frac{3}{4}$: ______________________

   mcd: ________

4. $\frac{7}{12}$: ______________________

   $\frac{5}{6}$: ______________________

   $\frac{1}{3}$: ______________________

   mcd: ________

Nombre ______________________________

Práctica de destrezas

- **Halla el mínimo común denominador (mcd) de los pares o grupos de fracciones.**

5. $\frac{3}{4}$ y $\frac{5}{12}$ ________

6. $\frac{1}{2}$, $\frac{2}{3}$ y $\frac{3}{4}$ ________

7. $\frac{1}{2}$ y $\frac{3}{7}$ ________

8. $\frac{1}{2}$ y $\frac{4}{5}$ ________

9. $\frac{5}{16}$ y $\frac{3}{8}$ ________

10. $\frac{7}{8}$ y $\frac{4}{9}$ ________

11. $\frac{9}{10}$ y $\frac{2}{5}$ ________

12. $\frac{5}{9}$ y $\frac{3}{4}$ ________

13. $\frac{1}{3}$ y $\frac{6}{7}$ ________

14. $\frac{3}{8}$ y $\frac{7}{12}$ ________

15. $\frac{1}{5}$ y $\frac{5}{8}$ ________

16. $\frac{5}{6}$ y $\frac{3}{7}$ ________

17. $\frac{3}{16}$ y $\frac{5}{6}$ ________

18. $\frac{8}{15}$ y $\frac{2}{3}$ ________

19. $\frac{2}{5}$ y $\frac{3}{7}$ ________

20. $\frac{2}{9}$, $\frac{2}{3}$ y $\frac{2}{7}$ ________

21. $\frac{2}{3}$ y $\frac{1}{6}$ ________

22. $\frac{1}{2}$, $\frac{5}{7}$ y $\frac{1}{12}$ ________

23. $\frac{5}{12}$ y $\frac{2}{9}$ ________

24. $\frac{4}{9}$, $\frac{5}{6}$ y $\frac{1}{8}$ ________

25. $\frac{7}{15}$ y $\frac{2}{5}$ ________

26. $\frac{4}{9}$ y $\frac{1}{5}$ ________

27. $\frac{1}{9}$ y $\frac{3}{10}$ ________

28. $\frac{3}{7}$ y $\frac{1}{8}$ ________

29. $\frac{1}{10}$ y $\frac{3}{4}$ ________

30. $\frac{1}{12}$ y $\frac{2}{5}$ ________

Nombre ______________________________

CAPÍTULO 6
Destrezas en acción

Suma

Aprende

¿Qué puedo hacer?
Quiero sumar un número de 1 dígito a un número de 2 dígitos.

Usa operaciones básicas.

27 + 8

Recuerda: 7 + 8 = 15

Piensa: 20 + 15 = 35

Suma unidades y decenas.

Si tienes más de 10 unidades, reagrupa.

$$\begin{array}{r} {}^{1} \\ 27 \\ +\ \ 8 \\ \hline 35 \end{array}$$

Inténtalo

• **Usa operaciones básicas y suma unidades y decenas para hallar las sumas.**

1. $\begin{array}{r} 38 \\ +\ 3 \\ \hline \end{array}$ Piensa:
8 + 3 = 11
11 unidades = 1 decena
1 unidad

2. $\begin{array}{r} 47 \\ +\ 5 \\ \hline \end{array}$ Piensa:
7 + 5 = 12
12 unidades = 1 decena
2 unidades

3. $\begin{array}{r} 59 \\ +\ 7 \\ \hline \end{array}$ Piensa:
9 + 7 = ____
16 unidades = 1 decena
____ unidades

4. $\begin{array}{r} 76 \\ +\ 6 \end{array}$ Piensa:
6 + 6 = ____
____ unidades = ____ decena
____ unidades

Práctica de destrezas

• **Halla las sumas.**

5. $\begin{array}{r} 41 \\ +\ 9 \\ \hline \end{array}$ **6.** $\begin{array}{r} 62 \\ +\ 7 \\ \hline \end{array}$ **7.** $\begin{array}{r} 38 \\ +97 \\ \hline \end{array}$ **8.** $\begin{array}{r} 99 \\ +\ 5 \\ \hline \end{array}$

9. 42 + 8 = ________ **10.** 64 + 9 = ________ **11.** 87 + 6 = ________

Nombre____

CAPÍTULO 6

Destrezas en acción

Redondea

Aprende

¿Qué puedo hacer?
Quiero redondear un número a la posición de los millares.

Usa el valor posicional.

Mira la posición que está a la derecha de la posición a la que quieres redondear. Si el número en esa posición es 5 o mayor que 5, redondea hacia arriba. Si es menor que 5, redondea hacia abajo.

278,651 se redondea hacia arriba a 279,000.

257,398 se redondea hacia abajo a 257,000.

Inténtalo

• **Usa el valor posicional. Redondea los números a la posición del dígito subrayado.**

1. 341,**7**69 ______________ **2.** 52**8**,437 ______________

3. 8,9**3**1,052 ______________ **4.** 17,457,835 ______________

Práctica de destrezas

• **Redondea los números a la posición del dígito subrayado.**

5. 5,462,187 ______________ **6.** 29,831,408 ______________

7. 348,972,863 ______________ **8.** 276,457,032 ______________

Nombre________________________________

CAPÍTULO 6
Destrezas en acción

Simplifica fracciones

Aprende

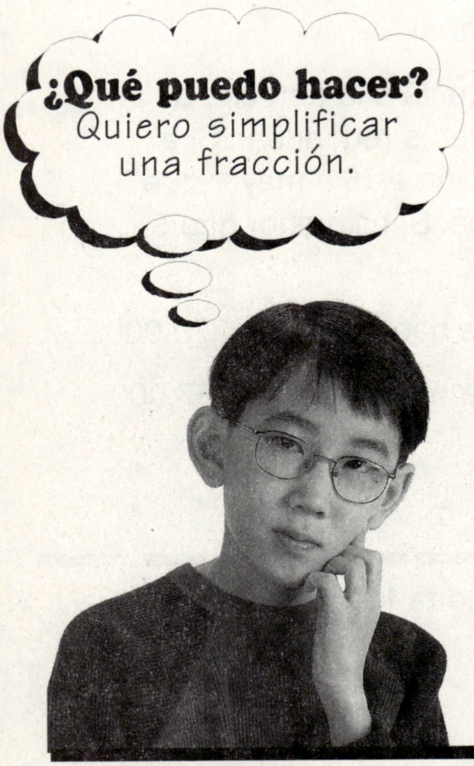

Usa la división.

Divide el numerador y el denominador de la fracción entre un mismo número. Divide hasta que el numerador y el denominador no tengan ningún factor común.

$$\frac{36}{72} \div \frac{4}{4} = \frac{9}{18}$$

$$\frac{9}{18} \div \frac{3}{3} = \frac{3}{6}$$

$$\frac{3}{6} \div \frac{3}{3} = \frac{1}{2}$$

Como el numerador 1 y el denominador 2 no tienen factores comunes, excepto 1, la fracción está reducida a su mínima expresión.

Inténtalo • Usa la división para simplificar las fracciones.

1. $\frac{4}{8} \div \frac{4}{4} =$ ________ **2.** $\frac{6}{9} \div \frac{3}{3} =$ ________ **3.** $\frac{15}{25} \div \frac{5}{5} =$ ________

4. $\frac{9}{12}$ ________ **5.** $\frac{12}{16}$ ________ **6.** $\frac{32}{36}$ ________

7. $\frac{9}{21}$ ________ **8.** $\frac{6}{10}$ ________ **9.** $\frac{24}{36}$ ________

Nombre____

Práctica de destrezas • Simplifica las fracciones.

10. $\frac{15}{30}$ ________
11. $\frac{18}{24}$ ________
12. $\frac{10}{12}$ ________
13. $\frac{16}{24}$ ________
14. $\frac{6}{8}$ ________
15. $\frac{58}{74}$ ________
16. $\frac{48}{96}$ ________
17. $\frac{36}{60}$ ________
18. $\frac{8}{72}$ ________
19. $\frac{24}{42}$ ________
20. $\frac{21}{30}$ ________
21. $\frac{36}{45}$ ________
22. $\frac{25}{75}$ ________
23. $\frac{40}{85}$ ________
24. $\frac{56}{84}$ ________
25. $\frac{24}{32}$ ________
26. $\frac{25}{100}$ ________
27. $\frac{14}{26}$ ________
28. $\frac{35}{56}$ ________
29. $\frac{17}{51}$ ________
30. $\frac{26}{104}$ ________

Aprende en la escuela y en el hogar

Simplifica

Busca números para recortar en periódicos y revistas. Guarda los números en una bolsa de papel u otro recipiente.

- Cuando tengas bastantes números, forma con ellos fracciones que se puedan simplificar.
- Pega los números en una hoja de papel y escribe las fracciones simplificadas en la parte de atrás.
- Puedes intercambiar tus hojas de fracciones con amigos o familiares. Intenten simplificar todas las fracciones posibles. Gana quien consiga simplificarlas todas correctamente.

Nombre ____________________

CAPÍTULO 6
Destrezas en acción

Propiedades de la suma de números enteros

Aprende

Usa una regla nemotécnica.

Busca un truco que te ayude a recordar las propiedades de la suma de números enteros.

Propiedad conmutativa de la suma:
El orden de los sumandos no cambia la suma.

6 + 8 = 14
8 + 6 = 14

La palabra conmutativa se parece a *mutación*. Mutación significa cambio. Piensa que aunque haya una mutación o cambio en el orden de los números, el resultado será el mismo.

Propiedad asociativa de la suma:
La manera en que están agrupados los sumandos no cambia la suma.

(3 + 8) + 4 = 15
3 + (8 + 4) = 15

La palabra asociativa se parece a *asociarse*. Asociarse significa unirse unos con otros. Imagina que los números se asocian unos con otros. No importa cómo se asocien o agrupen los números, la suma es la misma.

Inténtalo • **Usa la memoria. Identifica qué ejemplos muestran la *Propiedad asociativa de la suma* y cuáles muestran la *Propiedad conmutativa de la suma.***

1. (9 + 4) + 7 = 20
9 + (4 + 7) = 20

Piensa: agrupados de distinta manera, el mismo resultado.

____

____

2. 8 + 5 = 13
5 + 8 = 13

Piensa: cambio de orden, el mismo resultado.

____

____

Nombre____

Práctica de destrezas

• **Identifica qué ejemplos muestran la *Propiedad asociativa de la suma* y cuáles muestran la *Propiedad conmutativa de la suma.***

3. 17 + 35 = 35 + 17

____

____

4. (46 + 73) + 57 = 46 + (73 + 57)

____

____

5. 308 + 954 = 1,262
954 + 308 = 1,262

____

____

6. 573 + (258 + 904) = 1,735
(573 + 258) + 904 = 1,735

____

____

7. 621 + (549 + 743) = 1,913
(621 + 549) + 743 = 1,913

____

____

8. 726 + 594 + 441 = 1,761
594 + 441 + 726 = 1,761

____

____

9. 446 + 3,221 = 3,667
3,221 + 446 = 3,667

____

____

10. (92 + 67) + 30 = 189
92 + (67 + 30) = 189

____

____

Nombre____________________

CAPÍTULO 6 ¡Tú puedes!

Adivinanzas con fracciones

Halla el mínimo común denominador de los pares o grupos de fracciones. Entonces podrás resolver las adivinanzas de la página siguiente.

1. $\frac{2}{3}$ y $\frac{2}{7}$ ______

2. $\frac{2}{9}$ y $\frac{4}{5}$ ______

3. $\frac{1}{2}$ y $\frac{3}{4}$ ______

4. $\frac{4}{9}$ y $\frac{2}{3}$ ______

5. $\frac{2}{7}$ y $\frac{3}{5}$ ______

6. $\frac{3}{4}$ y $\frac{5}{8}$ ______

7. $\frac{5}{8}$ y $\frac{7}{9}$ ______

8. $\frac{1}{2}$ y $\frac{9}{10}$ ______

9. $\frac{3}{5}$ y $\frac{7}{8}$ ______

10. $\frac{2}{3}$ y $\frac{7}{8}$ ______

11. $\frac{5}{6}$, $\frac{7}{12}$ y $\frac{1}{4}$ ______

12. $\frac{1}{6}$ y $\frac{8}{9}$ ______

13. $\frac{5}{16}$ y $\frac{7}{24}$ ______

14. $\frac{1}{3}$ y $\frac{1}{2}$ ______

15. $\frac{7}{13}$ y $\frac{2}{3}$ ______

16. $\frac{4}{7}$ y $\frac{3}{4}$ ______

17. $\frac{1}{2}$ y $\frac{5}{6}$ ______

18. $\frac{5}{12}$ y $\frac{4}{7}$ ______

Nombre ____________________

mcd	4	6	8	9	10	12	18	21
letra	I	H	R	A	F	L	C	D

mcd	24	28	35	39	40	45	48	72	84
letra	O	W	M	E	B	P	T	S	N

En las siguientes adivinanzas, el número que hay debajo de cada espacio en blanco corresponde a un ejercicio de la página anterior. Busca el resultado del ejercicio en las hileras del mcd del cuadro y mira la letra que le corresponde. Escribe las letras en los espacios en blanco para resolver las adivinanzas.

¿Cuál es la palabra que contiene más letras?

___ ___ ___ ___ ___ ___ ___ ___
4 11 8 4 9 15 13 10

¿Qué persona lleva más cartas?

___ ___ ___ ___ ___ ___ ___
12 4 6 13 15 6 10

Esta palabra tiene seis letras,
pero en realidad son doce.

___ ___ ___ ___ ___ ___
1 10 12 15 18 4

¿Qué se moja más cuanto más seca?

___ ___   ___ ___ ___ ___ ___ ___
11 4   13 10 4 11 11 4

Nombre ______________________________

CAPÍTULO 6 ¡Tú puedes!

Camino de fracciones

Empieza en el recuadro 1. Simplifica la fracción que hay en el recuadro para ganar los puntos. Luego, pasa a otro recuadro que tú elijas, pero sólo siguiendo el camino que marca una flecha.

Halla el camino que te dé más puntos al recorrer los recuadros. No puedes usar un recuadro más de una vez. Debes simplificar la fracción para obtener los puntos. ¡Ponte en marcha!

1. Simplifica: $\frac{24}{60}$ ______ 7 puntos	**2.** Simplifica: $\frac{24}{56}$ ______ 12 puntos	**3.** Simplifica: $\frac{33}{36}$ ______ 8 puntos
4. Simplifica: $\frac{30}{45}$ ______ 4 puntos	**5.** Simplifica: $\frac{7}{35}$ ______ 10 puntos	**6.** Simplifica: $\frac{28}{36}$ ______ 15 puntos
7. Simplifica: $\frac{45}{80}$ ______ 9 puntos	**8.** Simplifica: $\frac{27}{36}$ ______ 12 puntos	**9.** Simplifica: $\frac{34}{38}$ ______ 5 puntos

Nombre ____________________

10. Simplifica: $\frac{40}{48}$ ____ 8 puntos	**11.** Simplifica: $\frac{15}{40}$ ____ 12 puntos	**12.** Simplifica: $\frac{13}{52}$ ____ 16 puntos
13. Simplifica: $\frac{63}{72}$ ____ 9 puntos	**14.** **FREE SPACE** 10 puntos	**15.** Simplifica: $\frac{36}{60}$ ____ 12 puntos
16. Simplifica: $\frac{24}{42}$ ____ 8 puntos	**17.** Simplifica: $\frac{2}{9}$ ____ 6 puntos	**18.** Simplifica: $\frac{40}{96}$ ____ 10 puntos

Puntaje total ____

Número de recuadros recorridos ____

Nombre______________________________________

Nombra fracciones

Aprende

Cuenta.

Cuenta el número de partes iguales que tiene la figura. Ese número es el denominador de la fracción. Cuenta el número de partes iguales que están sombreadas. Ese número es el numerador de la fracción.

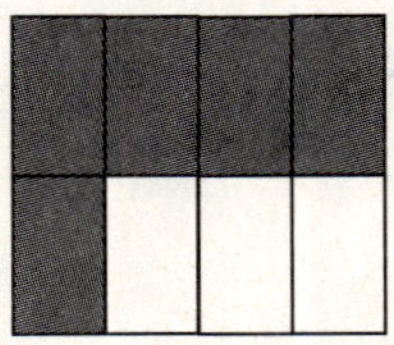

Hay 8 partes iguales.

Hay 5 partes sombreadas.

La fracción que representa las partes sombreadas es 5/8.

Inténtalo

• Cuenta. Escribe las fracciones que muestran los modelos.

1.  ______

2.  ______

3. 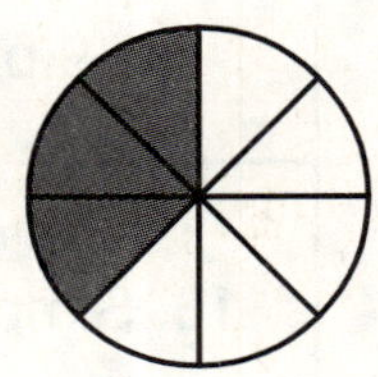 ______

Práctica de destrezas

• Escribe las fracciones que muestran los modelos.

4. 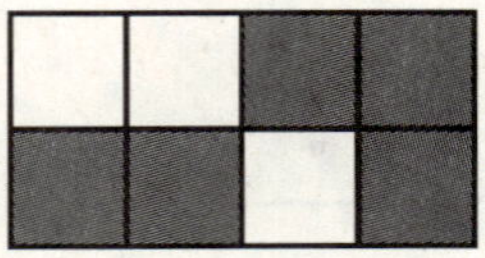 ______

5. 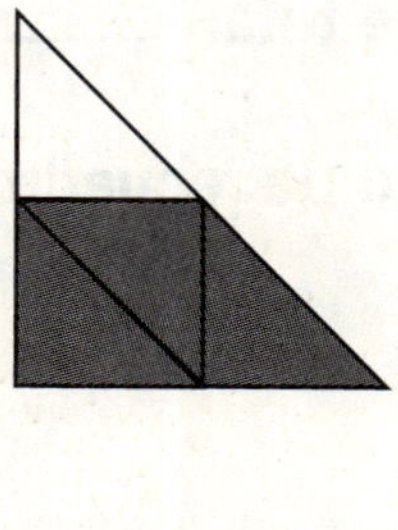 ______

6. 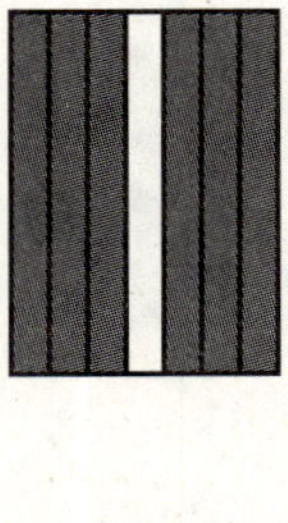 ______

Nombre____

7.
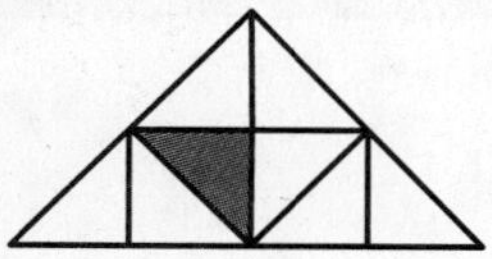

____

8.
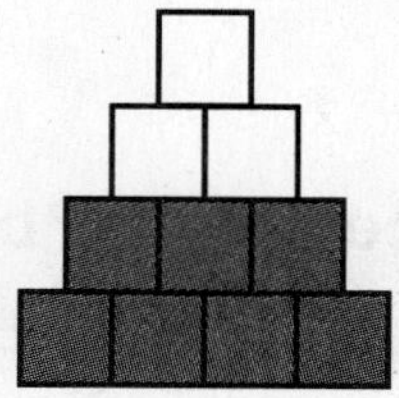

____

9.
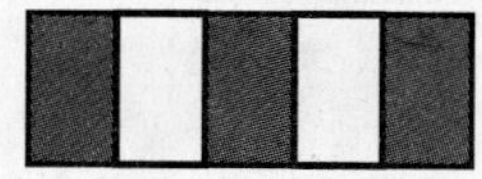

____

10.
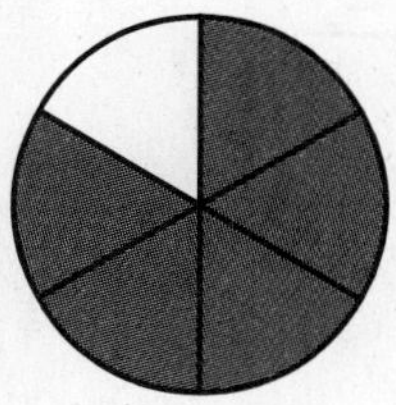

____

11.
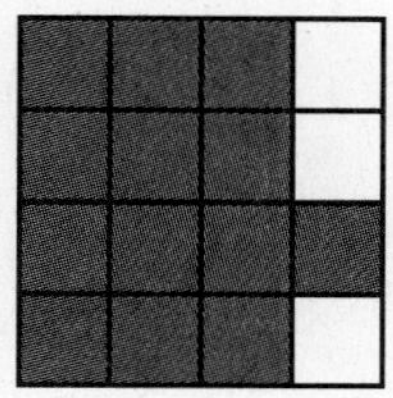

____

12.
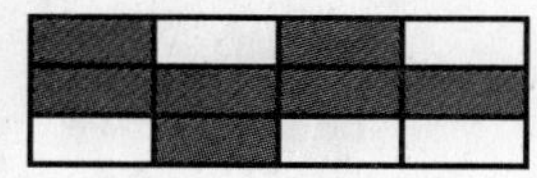

____

13.
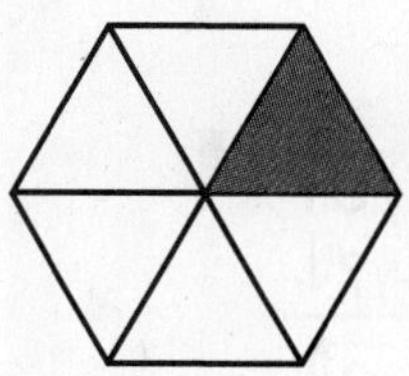

____

14.

____

15.
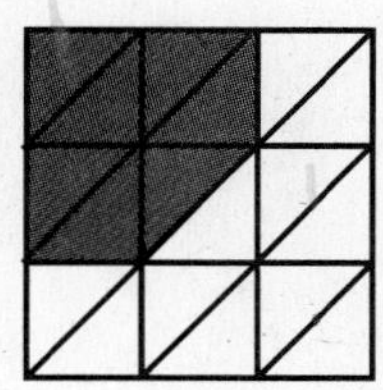

____

16.
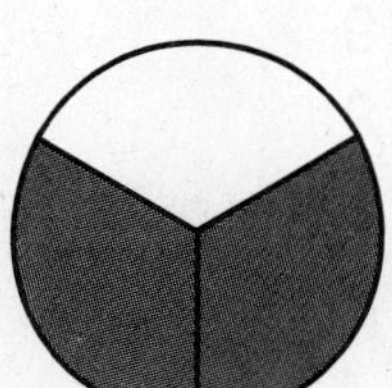

____

17.
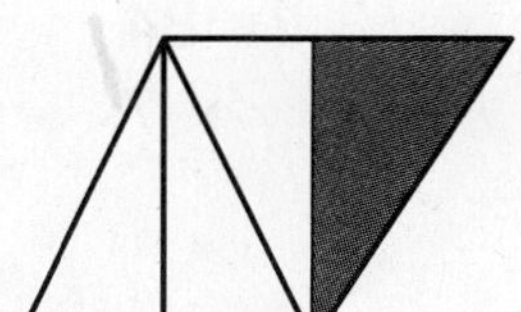

____

18.
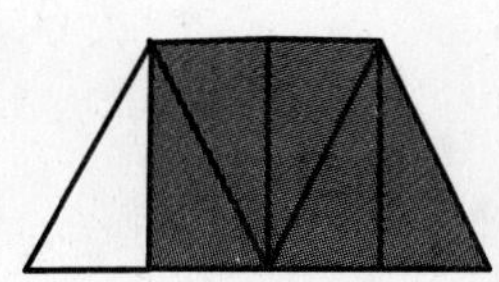

____

Nombre____

Multiplicación y división

CAPÍTULO 7

Destrezas en acción

Aprende

¿Qué puedo hacer?
Quiero multiplicar por un factor de 1 dígito y dividir entre un divisor de 1 dígito.

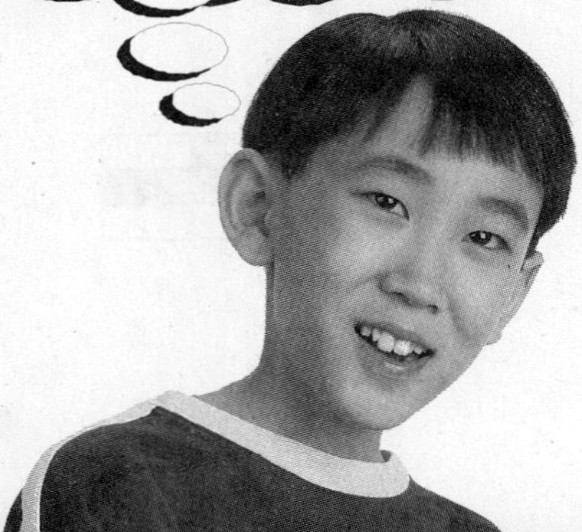

Usa operaciones básicas.

Multiplica o divide. Reagrupa si es necesario.

$$\begin{array}{r} \overset{2}{3}4 \\ \times\ 6 \\ \hline 204 \end{array}$$

$$\begin{array}{r} 14\ R3 \\ 6\overline{)87} \\ -\ 6\downarrow \\ \hline 27 \\ -\ 24 \\ \hline 3 \end{array}$$

Inténtalo

• **Usa operaciones básicas. Completa para hallar los productos o los cocientes.**

1. $\begin{array}{r} 43 \\ \times\ 2 \\ \hline 6 \end{array}$

2. $\begin{array}{r} 56 \\ \times\ 4 \\ \hline 4 \end{array}$

3. $\begin{array}{r} 1 \\ 5\overline{)73} \\ -\ 5\downarrow \\ \hline 23 \end{array}$

4. $\begin{array}{r} 1 \\ 7\overline{)81} \\ -\ 7\downarrow \\ \hline 11 \end{array}$

Práctica de destrezas

• **Halla los productos o los cocientes.**

5. $\begin{array}{r} 33 \\ \times\ 3 \\ \hline \end{array}$

6. $\begin{array}{r} 47 \\ \times\ 5 \\ \hline \end{array}$

7. $\begin{array}{r} 84 \\ \times\ 7 \\ \hline \end{array}$

8. $\begin{array}{r} 19 \\ \times\ 9 \\ \hline \end{array}$

9. $5\overline{)82}$

10. $7\overline{)95}$

11. $4\overline{)65}$

12 $6\overline{)79}$

Nombre ______________________________

Estima el producto

Aprende

¿Qué puedo hacer?
Quiero estimar el producto de dos números.

Redondea.

Redondea el factor mayor a la mayor posición posible. Calcula mentalmente para hallar el producto.

$$\begin{array}{r} 5{,}378 \\ \times \quad 7 \\ \hline \end{array}$$

5,378 se redondea a 5,000
$7 \times 5{,}000 = 35{,}000$

El producto será aproximadamente 35,000.

Inténtalo

• **Redondea el factor mayor a la posición del dígito subrayado. Estima los productos.**

1. $\begin{array}{r} \underline{3}{,}\mathbf{8}72 \\ \times \quad 3 \\ \hline \end{array}$
2. $\begin{array}{r} \underline{4}{,}\mathbf{3}08 \\ \times \quad 5 \\ \hline \end{array}$
3. $\begin{array}{r} \underline{7}{,}\mathbf{4}11 \\ \times \quad 6 \\ \hline \end{array}$
4. $\begin{array}{r} \underline{6}{,}\mathbf{9}34 \\ \times \quad 8 \\ \hline \end{array}$

Práctica de destrezas

• **Estima los productos.**

5. $\begin{array}{r} 8{,}357 \\ \times \quad 4 \\ \hline \end{array}$
6. $\begin{array}{r} 3{,}872 \\ \times \quad 2 \\ \hline \end{array}$
7. $\begin{array}{r} 2{,}198 \\ \times \quad 7 \\ \hline \end{array}$
8. $\begin{array}{r} 7{,}904 \\ \times \quad 5 \\ \hline \end{array}$
9. $\begin{array}{r} 8{,}663 \\ \times \quad 6 \\ \hline \end{array}$
10. $\begin{array}{r} 5{,}296 \\ \times \quad 9 \\ \hline \end{array}$
11. $\begin{array}{r} 7{,}365 \\ \times \quad 8 \\ \hline \end{array}$
12. $\begin{array}{r} 6{,}753 \\ \times \quad 6 \\ \hline \end{array}$

Nombre ____________________

CAPÍTULO 7
Destrezas en acción

Convierte números mixtos

Aprende

¿Qué puedo hacer?
Quiero convertir un número mixto en una fracción impropia.

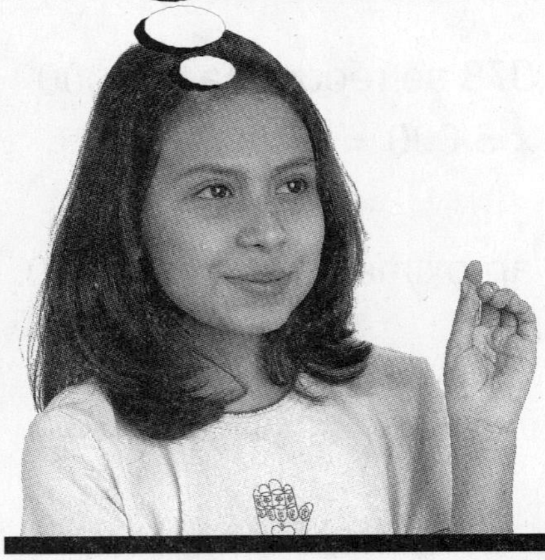

Usa la multiplicación y la suma.

Convierte este número mixto en una fracción impropia.

$$5\frac{7}{8}$$

Multiplica el número entero por el denominador de la fracción. Suma el producto al numerador de la fracción.

$$5 \times 8 = 40$$
$$40 + 7 = 47$$

Escribe el número obtenido como numerador de la fracción impropia. Usa el mismo denominador.

$$5\frac{7}{8} = \frac{47}{8}$$

Inténtalo

• **Multiplica y suma para convertir los números mixtos en fracciones impropias.**

1. $3\frac{1}{3} = \frac{\quad}{3}$

2. $2\frac{1}{6} = \frac{\quad}{6}$

3. $6\frac{3}{4} = \frac{\quad}{4}$

4. $3\frac{2}{5} = \frac{\quad}{5}$

5. $4\frac{7}{9} = \frac{\quad}{9}$

6. $2\frac{9}{10} = \frac{\quad}{10}$

Práctica de destrezas

• **Convierte los números mixtos en fracciones impropias.**

7. $8\frac{1}{2} =$ ______

8. $6\frac{3}{5} =$ ______

9. $8\frac{1}{9} =$ ______

Nombre________________________________

10. $8\frac{2}{3}$ = ______

11. $5\frac{7}{12}$ = ______

12. $4\frac{5}{6}$ = ______

13. $9\frac{3}{8}$ = ______

14. $4\frac{13}{16}$ = ______

15. $5\frac{4}{9}$ = ______

16. $8\frac{5}{8}$ = ______

17. $2\frac{7}{12}$ = ______

18. $3\frac{17}{20}$ = ______

19. $5\frac{3}{7}$ = ______

20. $7\frac{2}{5}$ = ______

21. $1\frac{7}{10}$ = ______

22. $9\frac{11}{12}$ = ______

23. $7\frac{1}{6}$ = ______

24. $3\frac{11}{19}$ = ______

25. $4\frac{3}{4}$ = ______

26. $5\frac{8}{13}$ = ______

27. $3\frac{19}{24}$ = ______

28. $7\frac{4}{5}$ = ______

29. $12\frac{2}{3}$ = ______

30. $5\frac{26}{37}$ = ______

Aprende en la escuela y en el hogar

Impropia pero correcta

Juega con un compañero o una compañera. Túrnense.

- Barajen 4 juegos de tarjetas numeradas y repártanlas todas entre ambos jugadores.
- El primer jugador forma un número mixto colocando 3 de sus tarjetas boca arriba sobre la mesa. El otro jugador debe convertir el número mixto en una fracción impropia.
- Si lo hace correctamente, gana 3 puntos. El primer jugador que consiga 21 puntos gana el juego.

Cuando dominen el juego, formen números mixtos con 4 tarjetas.

Nombre ____________________________________

CAPÍTULO 7
Destrezas en acción

Propiedades de la multiplicación de números enteros

Aprende

Propiedad conmutativa de la multiplicación:

Un cambio en el orden de los factores no altera el producto.

$7 \times 3 = 21$ $3 \times 7 = 21$

Propiedad asociativa de la multiplicación:

La manera en que están agrupados los factores no altera el producto.

$(2 \times 6) \times 4 = 48$ $2 \times (6 \times 4) = 48$

Recuerda:

Puedes relacionar la palabra conmutativa con mutación o cambio. *Conmutativa* tiene que ver con cambio de orden.

Puedes relacionar la palabra asociativa con asociarse o agruparse. *Asociativa* tiene que ver con la manera de agruparse.

Inténtalo

• **Completa las oraciones. Usa una de las siguientes expresiones: *el orden, la agrupación* o *la manera en que están agrupados*.**

1. (3 x 7) x 5 = 3 x (7 x 5) muestra que ______________________________ cambia los factores, no el producto.

2. 9 x 6 = 6 x 9 muestra que ______________ de los factores no altera el producto.

3. La Propiedad conmutativa de la multiplicación trata ______________ de los factores.

4. La Propiedad asociativa de la multiplicación trata de ______________ de los factores.

Nombre____

Práctica de destrezas

• **Escribe si los siguientes ejemplos muestran la *Propiedad asociativa de la multiplicación* o la *Propiedad conmutativa de la multiplicación*.**

5. $(3 \times 7) \times 5 = 105$
$3 \times (7 \times 5) = 105$

____

____

6. $9 \times 6 = 54$
$6 \times 9 = 54$

____

____

7. $42 \times 73 = 73 \times 42$

____

____

8. $(12 \times 4) \times 36 = 12 \times (4 \times 36)$

____

____

9. $58 \times 95 = 5{,}510$
$95 \times 58 = 5{,}510$

____

____

10. $9 \times (15 \times 42) = 5{,}670$
$(9 \times 15) \times 42 = 5{,}670$

____

____

11. $6 \times (39 \times 25) = 5{,}850$
$(6 \times 39) \times 25 = 5{,}850$

____

____

12. $8 \times 12 \times 37 = 3{,}552$
$12 \times 37 \times 8 = 3{,}552$

____

____

Nombre ______________________________________

CAPÍTULO 7

Destrezas en acción

Multiplicación de fracciones

Aprende

Usa operaciones básicas de multiplicación.

$$\frac{2}{3} \times \frac{7}{8} = ?$$

Multiplica los numeradores y escribe el producto como el numerador de la fracción.

$$\frac{\mathbf{2}}{3} \times \frac{\mathbf{7}}{8} = \frac{\mathbf{14}}{?}$$

Multiplica los denominadores y escribe el producto como el denominador de la fracción.

$$\frac{2}{\mathbf{3}} \times \frac{7}{\mathbf{8}} = \frac{14}{\mathbf{24}}$$

Si es necesario, escribe el producto en su mínima expresión.

$$\frac{14}{24} = \frac{7}{12}$$

Inténtalo

• **Usa operaciones básicas de multiplicación y completa para hallar los productos.**

1. $\frac{5}{8} \times \frac{3}{4} = \frac{15}{}$

2. $\frac{1}{4} \times \frac{3}{8} = \frac{}{32}$

3. $\frac{2}{3} \times \frac{1}{4} = \frac{2}{12} =$

Práctica de destrezas

• **Halla los productos.**

4. $\frac{1}{4} \times \frac{5}{6} =$ ______

5. $\frac{3}{5} \times \frac{3}{7} =$ ______

6. $\frac{4}{9} \times \frac{2}{5} =$ ______

7. $\frac{5}{8} \times \frac{1}{6} =$ ______

8. $\frac{5}{9} \times \frac{5}{8} =$ ______

9. $\frac{1}{4} \times \frac{5}{8} =$ ______

10. $\frac{2}{7} \times \frac{5}{6} =$ ______

11. $\frac{2}{3} \times \frac{2}{3} =$ ______

12. $\frac{3}{8} \times \frac{1}{6} =$ ______

Nombre______________________________

13. $\frac{6}{7} \times \frac{3}{4} =$ ______

14. $\frac{3}{4} \times \frac{2}{5} =$ ______

15. $\frac{1}{8} \times \frac{2}{7} =$ ______

16. $\frac{9}{10} \times \frac{3}{8} =$ ______

17. $\frac{4}{9} \times \frac{1}{4} =$ ______

18. $\frac{3}{10} \times \frac{5}{7} =$ ______

19. $\frac{7}{10} \times \frac{3}{5} =$ ______

20. $\frac{6}{7} \times \frac{3}{11} =$ ______

21. $\frac{7}{8} \times \frac{3}{8} =$ ______

22. $\frac{1}{2} \times \frac{1}{2} =$ ______

23. $\frac{1}{8} \times \frac{4}{5} =$ ______

24. $\frac{5}{6} \times \frac{1}{5} =$ ______

25. $\frac{5}{9} \times \frac{11}{12} =$ ______

26. $\frac{3}{4} \times \frac{3}{10} =$ ______

27. $\frac{8}{15} \times \frac{1}{4} =$ ______

28. $\frac{4}{5} \times \frac{3}{8} =$ ______

29. $\frac{5}{8} \times \frac{3}{8} =$ ______

30. $\frac{5}{9} \times \frac{1}{3} =$ ______

31. $\frac{3}{4} \times \frac{3}{4} =$ ______

32. $\frac{5}{16} \times \frac{7}{11} =$ ______

33. $\frac{2}{3} \times \frac{9}{10} =$ ______

34. $\frac{1}{2} \times \frac{6}{13} =$ ______

35. $\frac{5}{8} \times \frac{3}{4} =$ ______

36. $\frac{4}{11} \times \frac{3}{5} =$ ______

37. $\frac{7}{13} \times \frac{5}{8} =$ ______

38. $\frac{5}{12} \times \frac{5}{12} =$ ______

39. $\frac{11}{12} \times \frac{5}{8} =$ ______

Nombre____

Flores fraccionadas

En el centro de cada flor hay un número que es el denominador de una fracción. En los pétalos de la flor hay fracciones simplificadas o números mixtos.

Tu tarea es escribir una fracción, usando el denominador dado, que se simplifique a la fracción o al número mixto que haya en el pétalo más cercano. La primera fracción está hecha como ejemplo.

Flor A

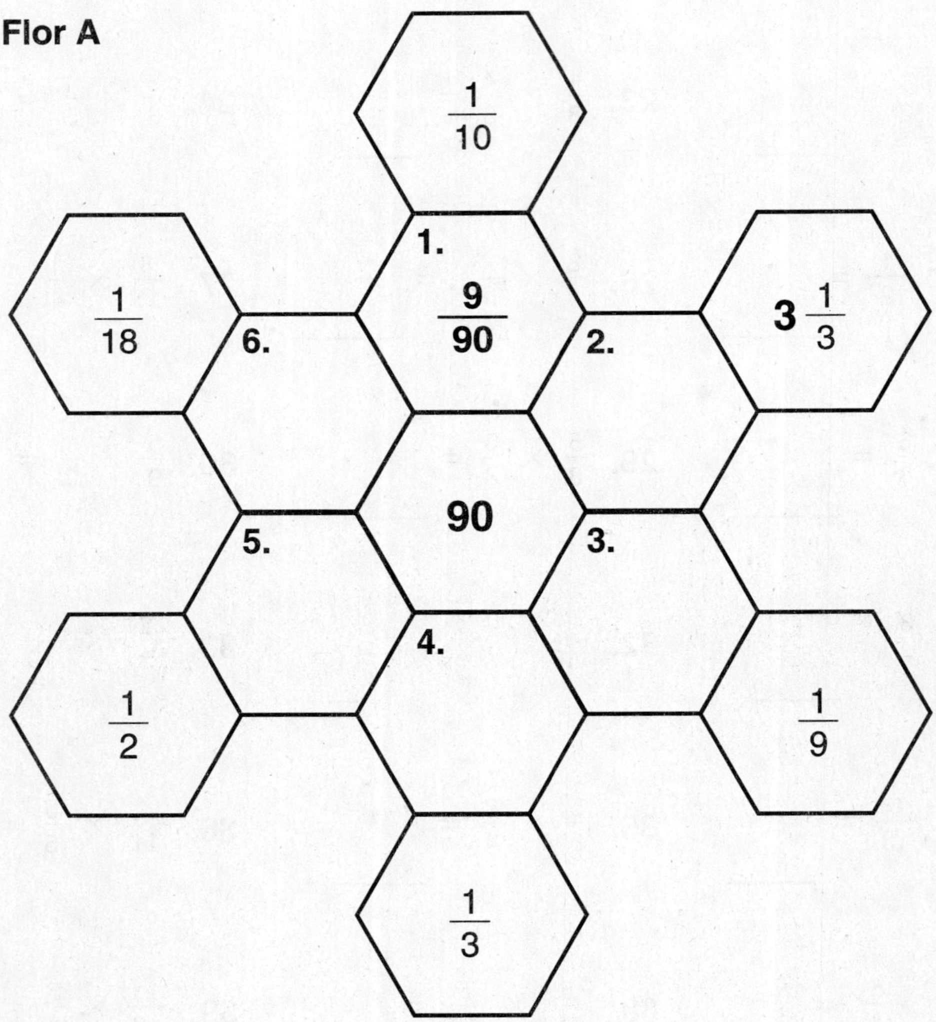

Nombre____

Flor B

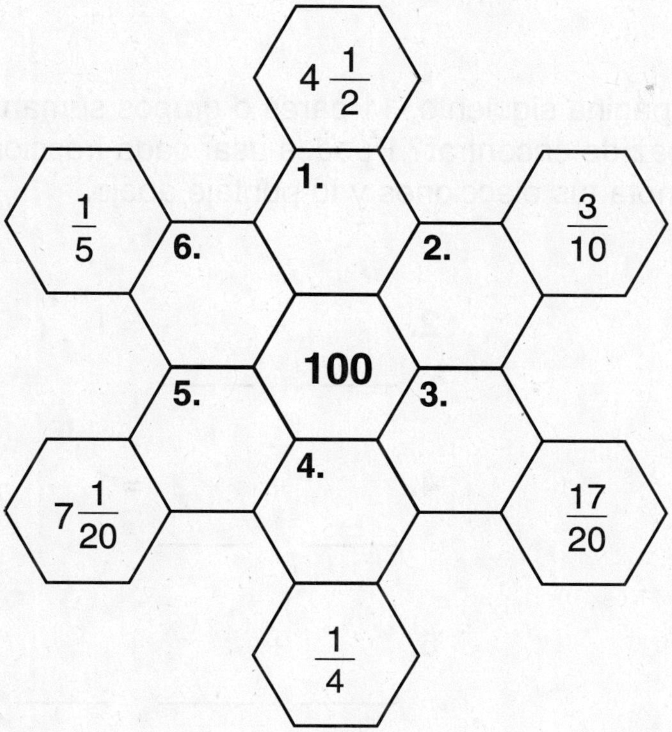

Flor C

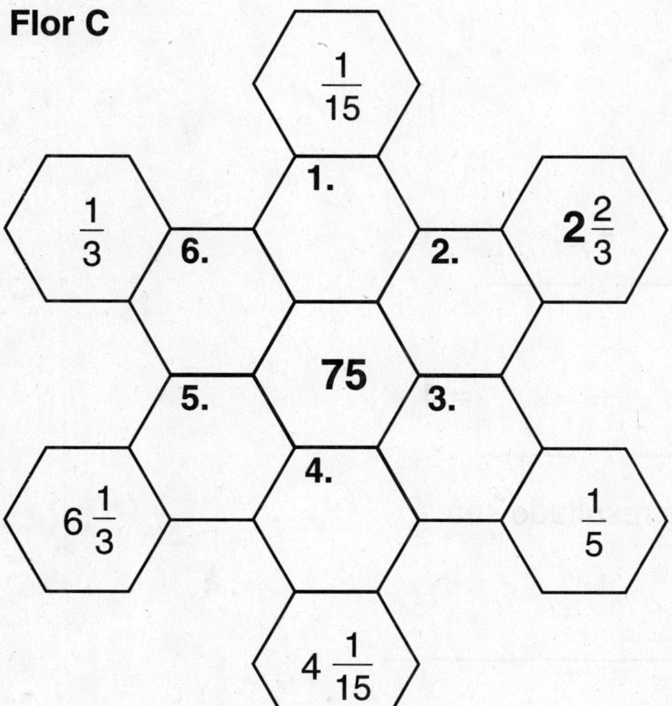

Nombre ____________________

CAPÍTULO 7 ¡Tú puedes!

¿Cuántos unos?

Entre las fracciones que hay en la página siguiente, 11 pares o grupos suman exactamente 1. ¿Cuántas eres capaz de encontrar? Puedes usar cada fracción sólo una vez, así que elige bien. Anota tus elecciones y tu puntaje abajo.

1. ___ + ___ = 1

2. ___ + ___ = 1

3. ___ + ___ = 1

4. ___ + ___ = 1

5. ___ + ___ = 1

6. ___ + ___ + ___ = 1

7. ___ + ___ + ___ = 1

8. ___ + ___ + ___ = 1

9. ___ + ___ + ___ = 1

10. ___ + ___ + ___ + ___ + ___ = 1

11. ___ + ___ + ___ + ___ + ___ = 1

Anota 3 puntos por cada suma cuyo resultado sea 1.

Mi puntaje: ____________________

Nombre____

$\frac{1}{6}$	$\frac{3}{16}$	$\frac{4}{15}$	$\frac{1}{3}$
$\frac{5}{8}$	$\frac{1}{2}$	$\frac{7}{10}$	$\frac{1}{8}$
$\frac{3}{2}$	$\frac{4}{7}$	$\frac{2}{9}$	$\frac{1}{1}$
$\frac{1}{8}$	$\frac{1}{6}$	$\frac{1}{4}$	$\frac{11}{16}$
$\frac{2}{7}$	$\frac{1}{5}$	$\frac{7}{9}$	$\frac{1}{2}$
$\frac{2}{3}$	$\frac{11}{15}$	$\frac{1}{7}$	$\frac{3}{10}$
$\frac{3}{4}$	$\frac{1}{12}$	$\frac{1}{10}$	$\frac{1}{5}$
$\frac{1}{4}$	$\frac{1}{6}$	$\frac{5}{12}$	$\frac{1}{4}$

Nombre____

CAPÍTULO 8

Destrezas en acción

La hora

Aprende

¿Qué puedo hacer?
Quiero decir la hora que marca un reloj.

Mira un reloj analógico.

En un reloj analógico, la aguja corta es el horario y la larga es el minutero. Di primero la hora y luego los minutos.

Mira un reloj digital.

Este reloj digital marca la misma hora que el analógico. Los dos puntos (:) separan las horas de los minutos.

Desde la medianoche hasta el mediodía la hora es a.m.

Desde el mediodía hasta la medianoche la hora es p.m.

La medianoche son las 12 a.m. y el mediodía son las 12 p.m.

Inténtalo

• **¿Qué hora marcan los relojes?**

1. Por la mañana. 8:___ a.m..

2. Por la noche. ___:48 p.m.

3. Por la mañana. 7:___ a.m..

4. Por la tarde. 4:___ p.m.

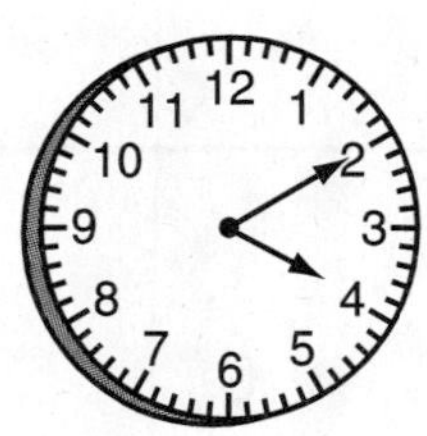

Nombre ____

Práctica de destrezas

• **¿Qué hora marcan los relojes? Escribe a.m. o p.m.**

5. Antes del mediodía. __________

6. Después de la medianoche. __________

7. Afuera está oscuro. __________

8. Afuera brilla el sol. __________

9. Por la mañana. __________

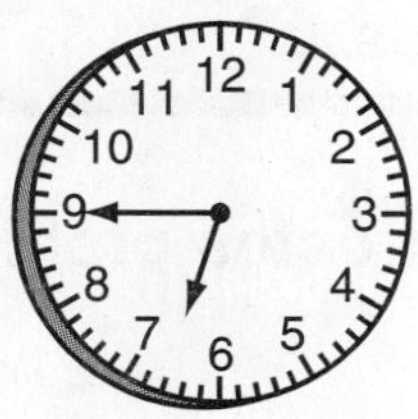

10. Por la noche. __________

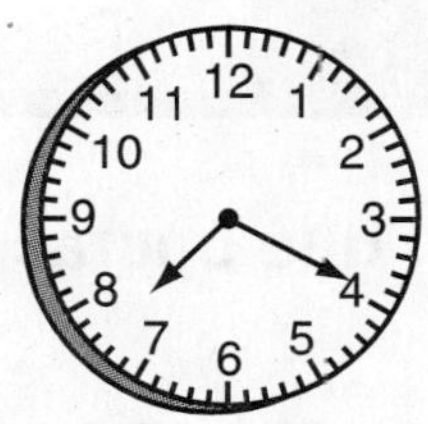

11. Por la tarde. __________

12. Por la tarde. __________

13. Antes del mediodía. __________

14. Antes de la medianoche. __________

Nombre____

CAPÍTULO 8

Destrezas en acción

Elige la operación

Aprende

¿Qué puedo hacer?
Quiero saber si debo multiplicar o dividir para resolver un problema.

¿Multiplicar o dividir?

Lee los problemas atentamente para decidir si debes multiplicar o dividir para resolverlos.

En la sartén caben 8 raciones de relleno para tacos. ¿Cuántas veces tendrás que llenar la sartén con relleno si necesitas preparar 96 raciones?

Divide para saber cuántas veces hay que llenar la sartén.
Piensa: ¿Qué número multiplicado por 8 es igual a 96?
Divide: 96:8

$$\begin{array}{r} 1 \\ 8\overline{)96} \\ -8\downarrow \\ \hline 16 \end{array} \leftarrow \text{Divide las decenas.} \qquad \begin{array}{r} 12 \\ 8\overline{)96} \\ -8\downarrow \\ \hline 16 \\ -16 \\ \hline 0 \end{array} \leftarrow \text{Divide las unidades.}$$

Debes llenar la sartén 12 veces.

Inténtalo • **Di qué operación usarías para resolver estos problemas.**

1. Hay 396 libros. En cada caja caben 9 libros. ¿Cuántas cajas de libros habrá?

   ____

2. Una compañía aérea hace 6 vuelos diarios completos a Monte Bello. En cada avión viajan 72 personas. ¿Cuántas personas al día transporta la compañía a Monte Bello?

   ____

Multiplica o divide.

3. Escribe la oración numérica que resuelve el problema 1.

   ____

4. Escribe la oración numérica que resuelve el problema 2.

   ____

Nombre ______________________________

Práctica de destrezas • **Di qué operación usarías para resolver cada problema. Luego, resuélvelo.**

5. Cada estudiante de quinto grado lleva a la excursión una bolsa de almuerzo. Hay 3 grupos de quinto grado con 24 estudiantes cada uno. ¿Cuántas bolsas de almuerzo hay?

____

6. Hay 126 tarjetas. Cada estudiante tiene 9 tarjetas. ¿Cuántos estudiantes hay?

____

7. Hay 102 porciones de pizza. Cada persona tiene 3 porciones. ¿Cuántas personas hay?

____

8. Hay 8 autobuses llenos de pasajeros que van a un partido. En cada autobús viajan 42 personas. ¿Cuántas personas van al partido?

____

9. Hay 8 veces más sillas que mesas. Si hay 35 mesas, ¿cuántas sillas hay?

____

Nombre ______________________________

CAPÍTULO 8

Destrezas en acción

Multiplica por 10, 100 y 1,000

Aprende

Usa patrones para multiplicar por 10, 100 y 1,000.

Para multiplicar por 10, mueve el punto decimal del número que multiplicas 1 posición hacia la derecha en el producto:

$38 \times 10 = 38.0 = 380$

$0.6 \times 10 = 0.6 = 6$

Para multiplicar por 100, mueve el punto decimal del número que multiplicas 2 posiciones hacia la derecha en el producto.

$38 \times 100 = 38.00 = 3{,}800$

$0.6 \times 100 = 0.60 = 60$

Para multiplicar por 1,000, mueve el punto decimal del número que multiplicas 3 posiciones hacia la derecha en el producto.

$38 \times 1{,}000 = 38.000 = 38{,}000$

$0.6 \times 1{,}000 = 0.600 = 600$

Inténtalo

• **Multiplica.**

1. $53 \times 100 = 53.00 =$ ______ **2.** $283 \times 1{,}000 = 283.000 =$ ______

3. $6.7 \times 1{,}000 = 6.700 =$ ______ **4.** $10.3 \times 100 = 10.30 =$ ______

Práctica de destrezas

• **Multiplica.**

5. $31.7 \times 10 =$ ______ **6.** $460 \times 10 =$ ______

7. $610 \times 100 =$ ______ **8.** $10.5 \times 100 =$ ______

9. $4.9 \times 1{,}000 =$ ______ **10.** $2.42 \times 100 =$ ______

Nombre ____________________

CAPÍTULO 8

Destrezas en acción

Divide entre 10, 100 y 1,000

Aprende

¿Qué puedo hacer?
Quiero dividir entre 10, 100 y 1,000.

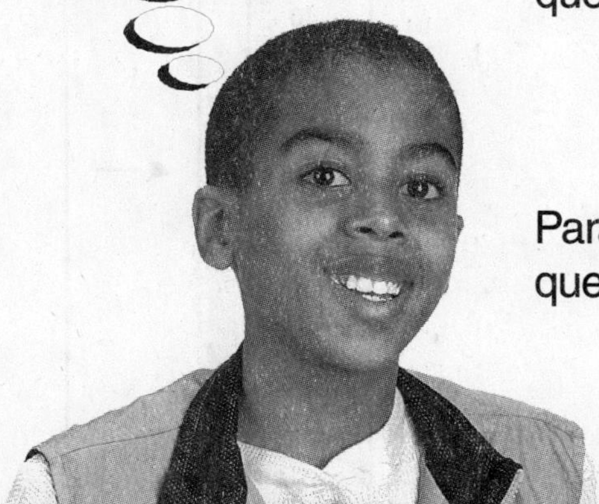

Usa patrones para dividir entre 10, 100 y 1,000.

Para dividir entre 10, mueve el punto decimal del número que divides 1 posición hacia la izquierda en el cociente.

$8{,}000 \div 10 = 8000. = 800$

$450 \div 10 = 450. = 45$

Para dividir entre 100, mueve el punto decimal del número que divides 2 posiciones hacia la izquierda en el cociente.

$8{,}000 \div 100 = 8000. = 80$

$450 \div 100 = 450. = 4.5$

Para dividir entre 1,000, mueve el punto decimal del número que divides 3 posiciones hacia la izquierda en el cociente.

$8{,}000 \div 1{,}000 = 8000. = 8$

$450 \div 1{,}000 = 450. = 0.45$

Inténtalo • Divide.

1. $3{,}700 \div 100 = 3700. =$ ______
2. $80 \div 10 = 80. =$ ______
3. $81{,}000 \div 1{,}000 = 81000. =$ ______
4. $21.5 \div 100 = 21.5 =$ ______

Práctica de destrezas • Divide.

5. $20 \div 100 =$ ______
6. $4{,}300 \div 10 =$ ______
7. $45{,}000 \div 1{,}000 =$ ______
8. $4{,}020 \div 100 =$ ______
9. $3{,}500 \div 100 =$ ______
10. $5.6 \div 10 =$ ______

Nombre ____________________

CAPÍTULO 8

Destrezas en acción

La temperatura

Aprende

Termómetro Fahrenheit

La temperatura que marca el termómetro es 86° F.

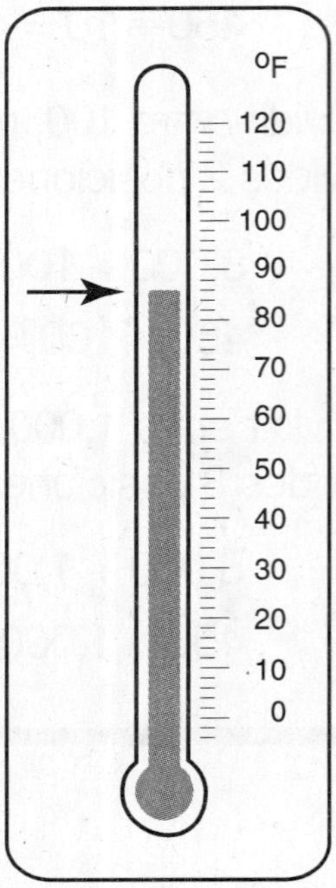

Termómetro Celsius

La temperatura que marca el termómetro es 22° C.

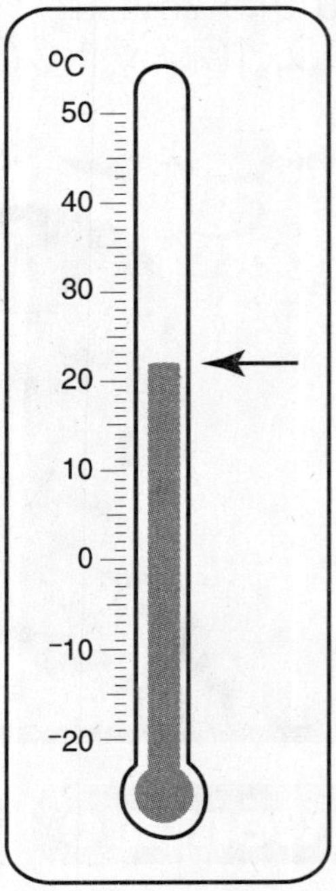

Inténtalo • ¿Qué temperatura marcan los termómetros?

1.

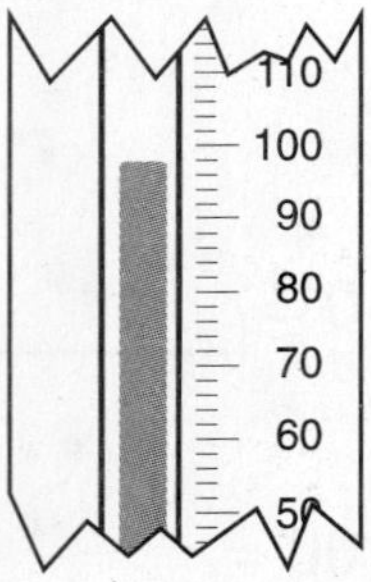

°F

____

2.

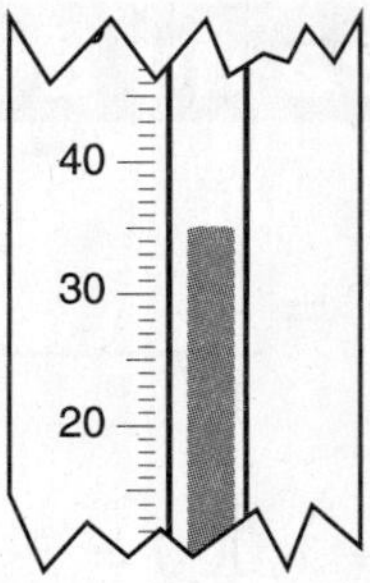

°C

____

Nombre ____________________

Práctica de destrezas

• ¿Qué temperatura marcan los termómetros?

3.
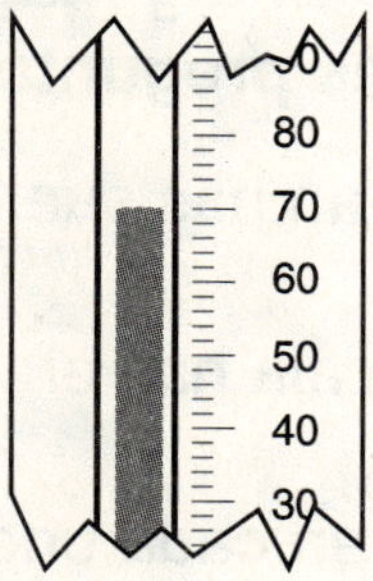

°F

____

4.
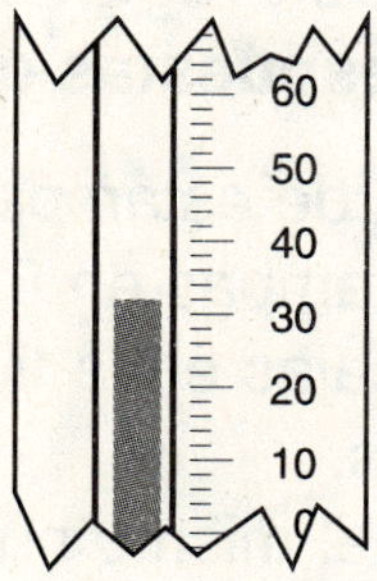

°F

____

5.
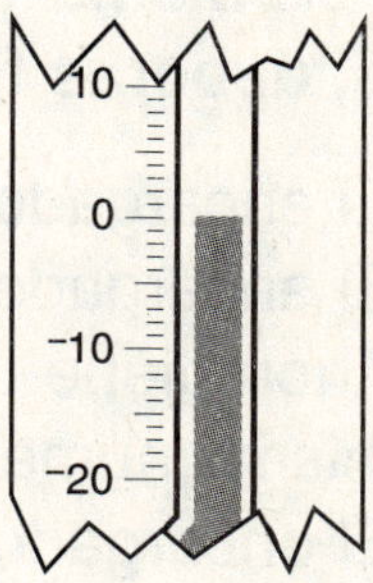

°C

____

6.
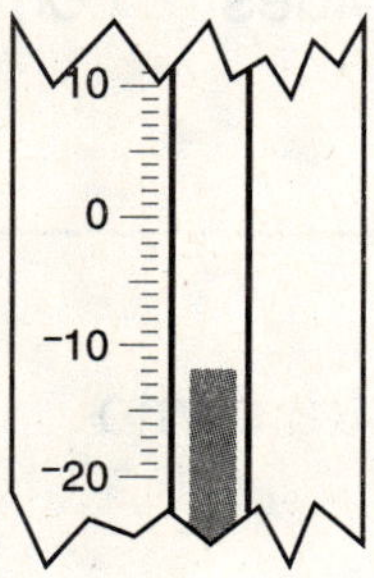

°C

____

7.
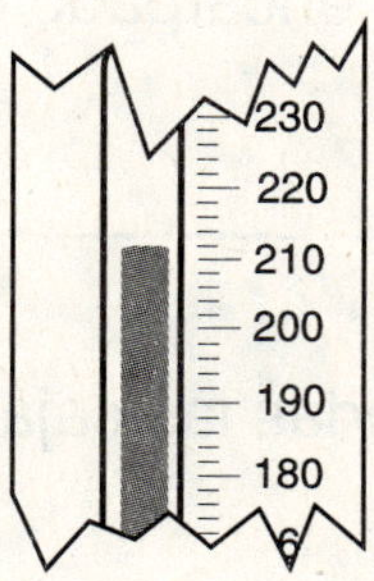

°F

____

8.
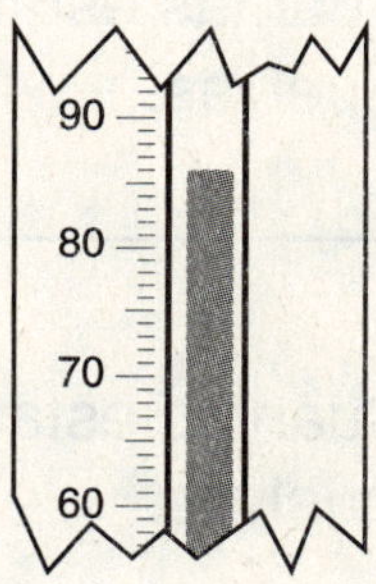

°C

____

9.
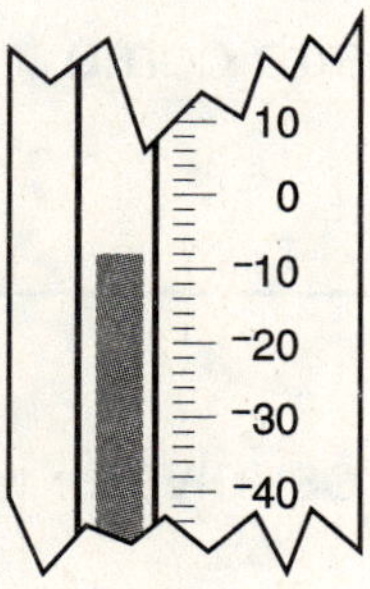

°F

____

10.
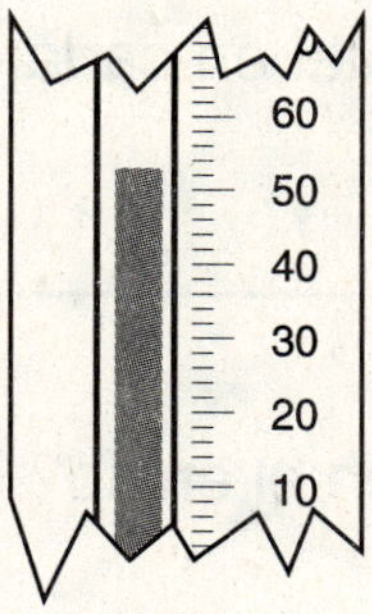

°F

____

11.
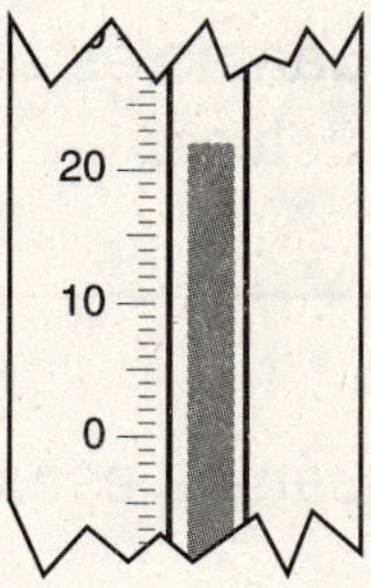

°C

____

Nombre ____

CAPÍTULO 8 ¡Tú puedes!

Sentido de las operaciones

Lee el problema y responde a las preguntas. Para contestar algunas preguntas, deberás fijarte en las respuestas que diste a otras preguntas.

El encargado de una tienda de estampas tiene 336 estampas sueltas.
El encargado coloca las estampas en 8 cajas vacías.
Ahora tiene un total de 35 cajas en la tienda. En cada caja hay el mismo número de estampas.
El encargado decide poner el mismo número de cajas en cada uno de sus 5 expositores.
Recibe un envío de 8 paquetes de estampas.
En cada paquete hay 12 estuches.
Cada estuche contiene 15 estampas.

1. ¿Cuántas estampas coloca el encargado en cada caja? Muestra cómo resuelves.

____

2. ¿Cuántas estampas hay en todas las cajas juntas? Muestra cómo resuelves.

____

3. ¿Cuántas cajas habrá en cada expositor? Muestra cómo resuelves.

____

4. ¿Cuántas estampas hay en total en cada expositor? Muestra cómo resuelves.

____

5. ¿Cuántos estuches llegaron en el envío? Muestra cómo resuelves.

____

6. ¿Cuántas estampas llegaron en el envío? Muestra cómo resuelves.

____

Nombre____

Una fabricante de velas recibe un pedido de 72 velas.
Puede fabricar 6 velas en una hora.
Cada día trabaja 4 horas.
Tiene 23 cajas de mechas para velas.
En cada caja hay 52 mechas.
Usa 3 mechas en cada vela.
Empaqueta las velas en cajas de 9 velas.

7. ¿Cuántas horas tardará en hacer las velas para el pedido? Muestra cómo resuelves.

____

8. ¿Cuántos días tardará en hacer las velas para el pedido? Muestra cómo resuelves.

____

9. ¿Cuántas velas puede hacer si trabaja 48 horas? Muestra cómo resuelves.

____

10. ¿Cuántas mechas para velas tiene? Muestra cómo resuelves.

____

11. ¿Cuántas velas puede hacer con 75 mechas? Muestra cómo resuelves.

____

12. ¿Cuántas mechas necesitará para hacer 38 velas? Muestra cómo resuelves.

____

13. ¿Cuántas cajas necesitará para empaquetar las velas del pedido? Muestra cómo resuelves.

____

Nombre ______________________________

CAPÍTULO 8 ¡Tú puedes!

Sentido de la multiplicación y la división

Usa patrones de multiplicación y división para completar las oraciones numéricas.

1. $7 \times 10 =$ ________ por lo tanto $7 \times 50 =$ ________

   $7 \times 100 =$ ________ por lo tanto $7 \times 500 =$ ________

   $7 \times 1{,}000 =$ ________ por lo tanto $7 \times 5{,}000 =$ ________

2. $50 \times 10 =$ ________ por lo tanto $50 \times 90 =$ ________

   $50 \times 100 =$ ________ por lo tanto $50 \times 900 =$ ________

   $50 \times 1{,}000 =$ ________ por lo tanto $50 \times 9{,}000 =$ ________

3. $6.3 \times 10 =$ ________ por lo tanto $2.4 \times 20 =$ ________

   $6.3 \times 100 =$ ________ por lo tanto $2.4 \times 200 =$ ________

   $6.3 \times 1{,}000 =$ ________ por lo tanto $2.4 \times 2{,}000 =$ ________

4. $8{,}000 \div 10 =$ ________ por lo tanto $8{,}000 \div 40 =$ ________

   $8{,}000 \div 100 =$ ________ por lo tanto $8{,}000 \div 400 =$ ________

   $8{,}000 \div 1{,}000 =$ ________ por lo tanto $8{,}000 \div 4{,}000 =$ ________

5. $15{,}000 \div 10 =$ ________ por lo tanto $15{,}000 \div 30 =$ ________

   $15{,}000 \div 100 =$ ________ por lo tanto $15{,}000 \div 300 =$ ________

   $15{,}000 \div 1{,}000 =$ ________ por lo tanto $15{,}000 \div 3{,}000 =$ ________

Ahora usa lo que sabes sobre patrones de multiplicación y división para hallar los números que representan las letras.

$$8 \times A = 480$$

6. ¿Puede ser A = 6? Muestra por qué.

____

7. ¿Qué número representa A? Muestra cómo resuelves.

____

Nombre ______________________________

$$8 \times A = 480 \qquad 2{,}700 \div B = 30$$

8. Si 8 x **C** = 4,800, ¿es **A** = **C**? Muestra cómo resuelves.

____

9. Si 80 x **D** = 4,800, ¿es **A** = **D**? Muestra cómo resuelves.

____

10. ¿Cuánto es **A** x 800? Muestra cómo resuelves.

____

11. ¿Cuánto es **A** x 50? Muestra cómo resuelves.

____

12. ¿Qué número representa **B**? Muestra cómo resuelves.

____

13. Si 270 ÷ **E** = 3, ¿es **B** = **E**? Muestra cómo resuelves.

____

14. Si 2,700 ÷ **F** = 3, ¿es **F** = **B**? Muestra cómo resuelves.

____

15. ¿Cuánto es **B** ÷ 30? Muestra cómo resuelves.

____

16. ¿Cuánto es **B** ÷ 100? Muestra cómo resuelves.

____

17. ¿Cuánto es **B** ÷ 300? Muestra cómo resuelves.

____

Nombre ______________________________

CAPÍTULO 9

Destrezas en acción

Números enteros

Aprende

¿Qué puedo hacer? Quiero ubicar y comparar números enteros en una recta numérica.

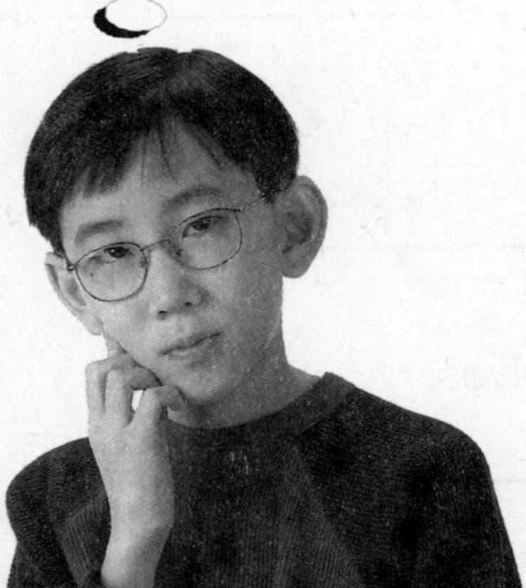

Indica los números con puntos.

Para indicar el número 8 con un punto, dibuja un punto encima del número 8 en la recta numérica.

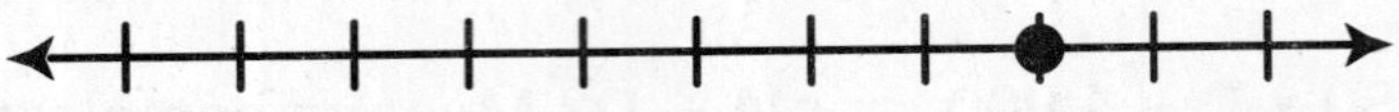

Para ubicar el número que está 5 unidades a la izquierda del 8, cuenta 5 unidades a la izquierda a partir del número 8.

El número 3 está 5 unidades a la izquierda del 8.
Los números a la izquierda de otro número en la recta son menores que ese número. El 3 está a la izquierda del 8. Por lo tanto, $3 < 8$.
Los números a la derecha de otro número en la recta son mayores que ese número. El 8 está a la derecha del 3. Por lo tanto, $8 > 3$.

Inténtalo • **Di qué letras representan los siguientes números.**

1. 102 ______ **2.** 112 ______ **3.** 119 ______ **4.** 116 ______

5. La letra que representa al número que está 2 unidades a la izquierda de 108

______

6. La letra del número marcado con punto que es mayor que 107 y menor que 111

______

Usa la recta numérica para comparar los números. Escribe >, < ó =.

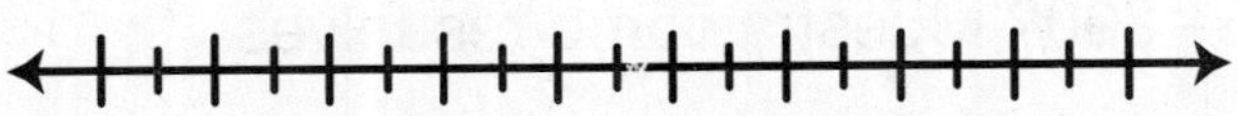

7. 79 ___ 83 **8.** 90 ___ 90 **9.** 92 ___ 76

Nombre____

Práctica de destrezas • Usa la recta numérica para identificar los números enteros.

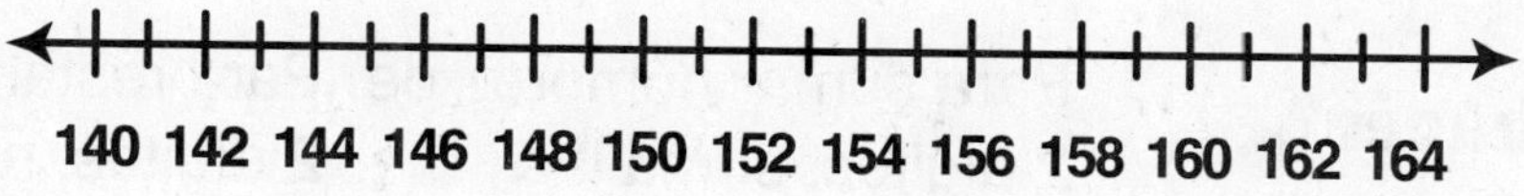

10. ¿Qué número está 20 unidades a la derecha de 140? ______

11. ¿Qué número está 14 unidades a la izquierda de 160? ______

12. ¿Qué número está 5 unidades a la izquierda de 152? ______

13. ¿Qué número está 15 unidades a la derecha de 143? ______

14. ¿Qué número está 9 unidades a la izquierda de 161? ______

Compara los números. Escribe <, > ó =.

15. 92 ___ 95

16. 88 ___ 88

17. 47 ___ 52

18. 67 ___ 108

19. 110 ___ 103

20. 586 ___ 568

21. 2,111 ___ 2,109

22. 30,002 ___ 29,999

23. 10,004 ___ 10,104

Aprende en la escuela y en el hogar

¡Cuenta en la recta!

Cada jugador tiene una recta numérica y todos empiezan en el mismo número.

- El primer jugador nombra un número de unidades a la izquierda o a la derecha del número.
- Todos los jugadores cuentan y ubican el nuevo número en sus rectas numéricas
- El segundo jugador nombra otra jugada y todos ubican el nuevo número en sus rectas.
- Anoten cada jugada y repitan 4 veces más.
- Miren las jugadas anotadas y comparen con el número final.
- Gana el que llega al número correcto. Si hay empate, jueguen de nuevo con jugadas más difíciles.

Nombre ____

CAPÍTULO 9
Destrezas en acción

Suma y resta

Aprende

¿Qué puedo hacer?
Quiero sumar y restar números enteros.

Para sumar números de 2 dígitos, suma las unidades. Reagrupa si es necesario. Luego suma las decenas.

$$\begin{array}{r} {\scriptstyle 1} \\ 48 \\ +\ 36 \\ \hline 84 \end{array}$$

Para restar números de 2 dígitos, resta las unidades. Reagrupa si es necesario. Luego resta las decenas.

$$\begin{array}{r} {\scriptstyle 6\ 12} \\ \not{7}\not{2} \\ -\ 38 \\ \hline 34 \end{array}$$

Inténtalo

• **Completa las sumas.**

1. $\begin{array}{r} 21 \\ +\ 34 \\ \hline 5 \end{array}$

2. $\begin{array}{r} {\scriptstyle 1} \\ 28 \\ +\ 37 \\ \hline 5 \end{array}$

3. $\begin{array}{r} {\scriptstyle 1} \\ 16 \\ +\ 47 \\ \hline 3 \end{array}$

4. $\begin{array}{r} {\scriptstyle 1} \\ 78 \\ +\ 23 \\ \hline 1 \end{array}$

5. $\begin{array}{r} 55 \\ +\ 35 \\ \hline \end{array}$

6. $\begin{array}{r} 26 \\ +\ 46 \\ \hline \end{array}$

7. $\begin{array}{r} 19 \\ +\ 87 \\ \hline \end{array}$

8. $\begin{array}{r} 53 \\ +\ 69 \\ \hline \end{array}$

Completa las restas.

9. $\begin{array}{r} 49 \\ -\ 32 \\ \hline 7 \end{array}$

10. $\begin{array}{r} {\scriptstyle 15} \\ 6\not{5} \\ -\ 19 \\ \hline 6 \end{array}$

11. $\begin{array}{r} {\scriptstyle 12} \\ 8\not{2} \\ -\ 25 \\ \hline 7 \end{array}$

12. $\begin{array}{r} {\scriptstyle 10} \\ 5\not{0} \\ -\ 29 \\ \hline 1 \end{array}$

13. $\begin{array}{r} {\scriptstyle 16} \\ 5\not{6} \\ -\ 37 \\ \hline \end{array}$

14. $\begin{array}{r} {\scriptstyle 10} \\ 3\not{0} \\ -\ 22 \\ \hline \end{array}$

15. $\begin{array}{r} {\scriptstyle 16} \\ 7\not{6} \\ -\ 38 \\ \hline \end{array}$

16. $\begin{array}{r} {\scriptstyle 11} \\ 6\not{1} \\ -\ 44 \\ \hline \end{array}$

Nombre ________________________________

Práctica de destrezas • **Suma.**

17. 43 + 78 = ________ **18.** 86 + 37 = ________

19. 95 + 43 = ________ **20.** 39 + 83 = ________

21. 29 + 55 = ________ **22.** 58 + 52 = ________

23. 62 + 73 = ________ **24.** 92 + 91 = ________

Resta.

25. 93 − 78 = ________ **26.** 39 − 22 = ________

27. 74 − 37 = ________ **28.** 53 − 17 = ________

29. 82 − 69 = ________ **30.** 61 − 24 = ________

31. 60 − 33 = ________ **32.** 88 − 59 = ________

Suma o resta.

33. 32 − 16 = ________ **34.** 56 + 28 = ________

35. 19 + 65 = ________ **36.** 54 − 45 = ________

37. 67 − 49 = ________ **38.** 46 + 28 = ________

39. 22 − 13 = ________ **40.** 86 + 47 = ________

41. 88 + 79 = ________ **42.** 33 − 26 = ________

43. 85 − 49 = ________ **44.** 49 + 98 = ________

45. 62 − 13 = ________ **46.** 37 + 37 = ________

47. 65 + 36 = ________ **48.** 73 − 66 = ________

49. 54 + 83 = ________ **50.** 54 − 49 = ________

Nombre ______________________________

CAPÍTULO 9

Destrezas en acción

Suma usando la recta numérica

Aprende

¿Qué puedo hacer?
Quiero usar una recta numérica para sumar.

Para sumar usando una recta numérica, encuentra el primer sumando en la recta. El segundo sumando indica el número de unidades que debes ir hacia la derecha en la recta.

Para sumar 22 + 10, busca el número 22 en la recta. Luego cuenta 10 unidades hacia la derecha. El número que hay 10 unidades a la derecha de 22 es la suma.

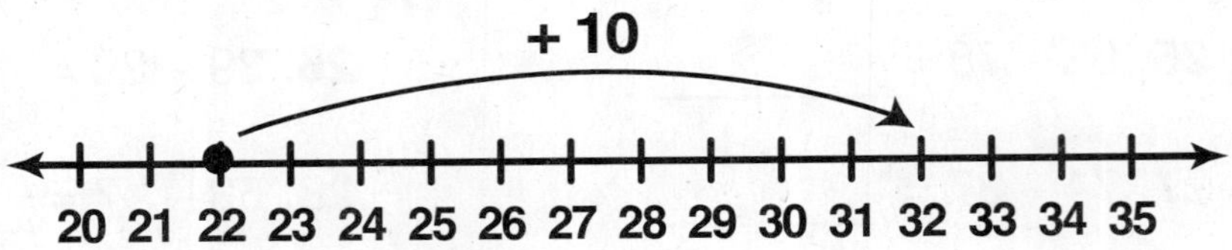

Por lo tanto, 22 + 10 = 32.

Inténtalo

• **Usa las rectas numéricas para completar las oraciones de suma.**

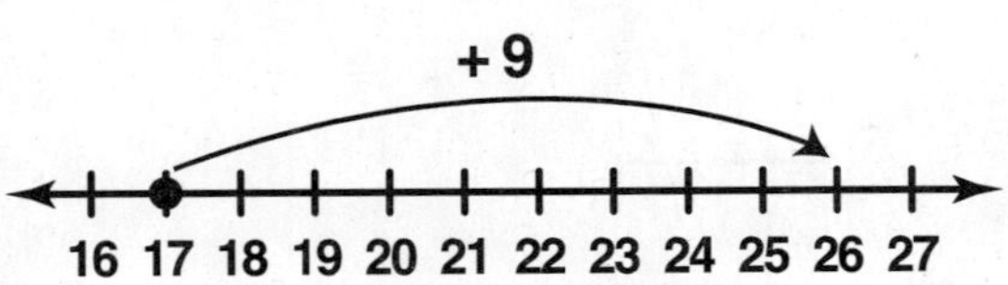

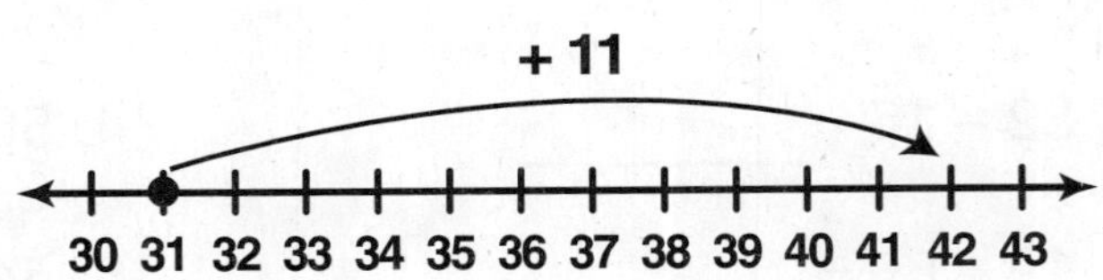

1. 17 + 9 = ______

2. __31__ + 11 = ______

Práctica de destrezas

• **Escribe las oraciones de suma representadas en las rectas numéricas.**

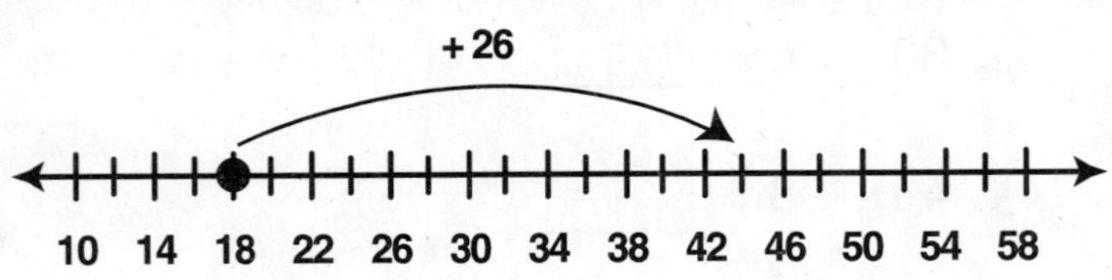

3. ______ + ______ = ______

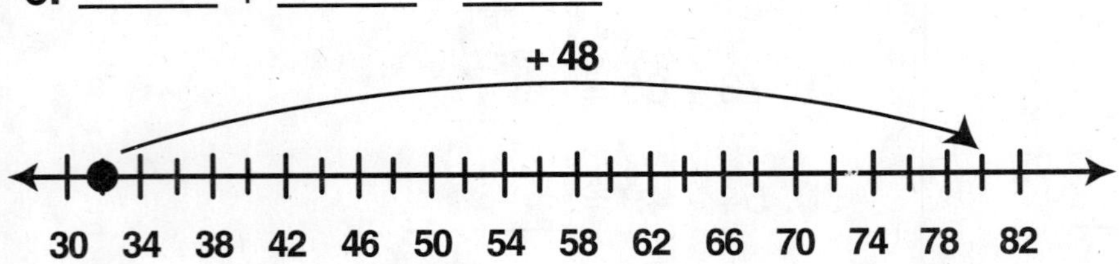

4. ______ + ______ = ______

Nombre ______________________________

Resta usando la recta numérica

Aprende

Para restar usando una recta numérica, encuentra en la recta el número del que quieres restar. El número que quieres restar al primero indica el número de unidades que debes contar hacia la izquierda.

Para restar 52 – 13, busca 52 en la recta. Luego cuenta 13 unidades hacia la izquierda. El número que hay 13 unidades a la izquierda de 52 es la diferencia.

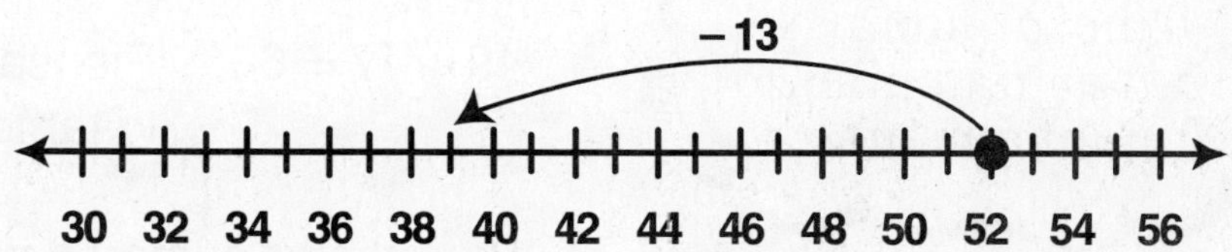

Por lo tanto, 52 – 13 = 39.

Inténtalo

• **Usa las rectas numéricas para completar las oraciones de resta.**

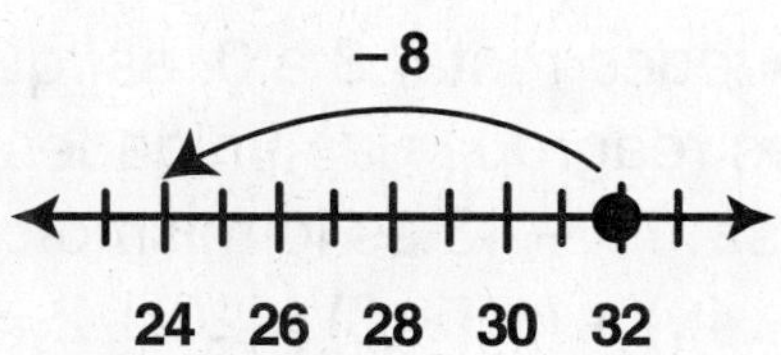

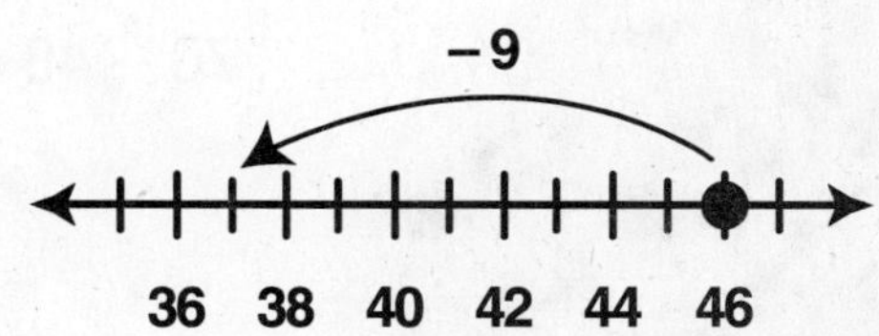

1. 32 – 8 = ______

2. ______ – 9 = ______

Práctica de destrezas

• **Escribe las oraciones de resta representadas en las rectas numéricas.**

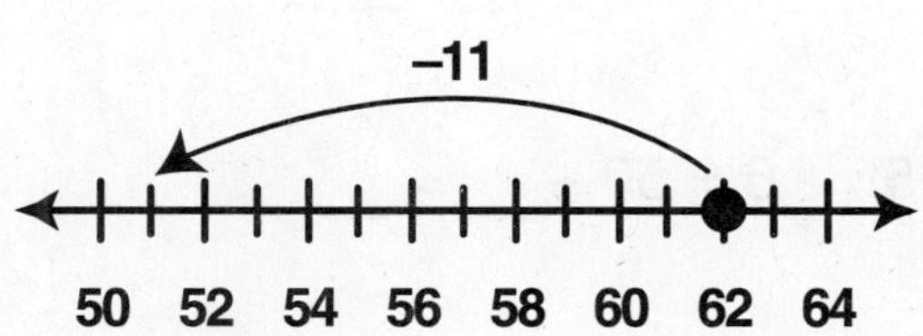

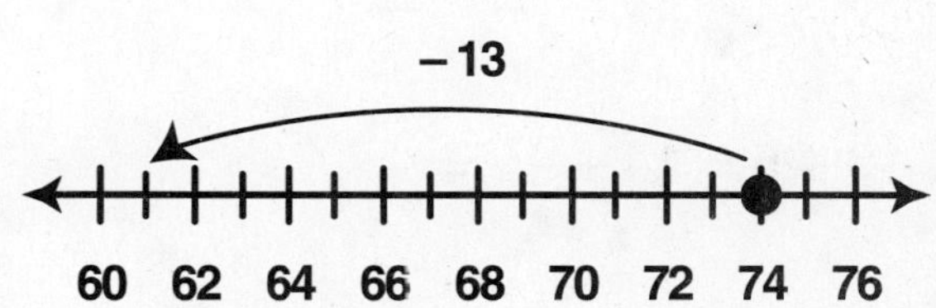

3. ______ – ______ = ______

4. ______ – ______ = ______

Nombre ____

CAPÍTULO 9

Destrezas en acción

Cálculo mental

Aprende

Para sumar números de 2 dígitos, usa operaciones básicas de suma y calcula mentalmente. Acuérdate de sumar las unidades antes que las decenas.

18 + 6 = 24 Piensa: 8 + 6 = 14, por lo tanto 18 + 6 = 24.

32 + 25 = 57 Piensa: No hay que reagrupar, por lo tanto, 32 + 25 = 57.

49 + 17 = 66 Piensa: 9 + 7 = 16 y 40 + 10 = 50, por lo tanto, 49 + 17 = 66.

Para restar números de 2 dígitos, usa operaciones básicas de resta y calcula mentalmente. Acuérdate de restar las unidades antes que las decenas.

35 – 14 = 21 Piensa: No hay que reagrupar, por lo tanto 35 – 14 = 21.

70 – 48 = 22 No puedes restar 8 a 0, así que debes reagrupar las unidades. Piensa: 70 – 48 es lo mismo que (60 – 40) + (10 – 8) = 20 + 2 = 22, por lo tanto, 70 – 48 = 22.

Inténtalo

Calcula mentalmente y usa operaciones básicas de suma o de resta para completar.

1. 14 + 12 = 20 + ___ = ___

2. 22 + 13 = 30 + ___ = ___

3. 19 + 5 = 14 + ___ = ___

4. 58 + 6 = 50 + ___ = ___

5. 26 – 7 = 16 – 7 + ___ = ___

6. 34 – 15 = 14 – 5 + ___ = ___

7. 32 – 13 = 12 – 3 + ___ = ___

8. 45 – 27 = 15 – 7 + ___ ___

Nombre____

Práctica de destrezas • **Calcula mentalmente para resolver.**

9. 35 + 26 = __	**10.** 11 + 93 = ___	**11.** 43 + 27 = __
12. 54 + 52 = ___	**13.** 26 + 16 = __	**14.** 65 +15 = __
15. 61 + 18 = __	**16.** 56 + 15 = __	**17.** 17 + 4 = __
18. 30 + 24 = __	**19.** 17 − 12 = _	**20.** 28 − 13 = __
21. 39 − 26 = __	**22.** 54 − 43 = __	**23.** 86 − 55 = __
24. 93 − 82 = __	**25.** 77 − 34 = __	**26.** 47 − 36 = __
27. 51 − 15 = __	**28.** 43 + 65 = ___	**29.** 34 + 65 = __
30. 75 − 44 = __	**31.** 65 − 45 = __	**32.** 76 + 18 = __
33. 48 − 37 = __	**34.** 67 + 41 = ___	**35.** 96 − 27 = __
36. 94 + 22 = ___	**37.** 15 + 75 = __	**38.** 41 − 9 = __
39. 43 − 18 = __	**40.** 56 + 38 = __	**41.** 66 + 50 = ___
42. 32 − 26 = __	**43.** 53 − 32 = __	**44.** 87 + 13 = ___

Nombre ______________________________

CAPÍTULO 9 ¡Tú puedes!

Sentido de las operaciones en una recta numérica

Usa la recta numérica para comparar los números y responder a las preguntas. Quizá tengas que ampliar o dibujar otra sección de la recta.

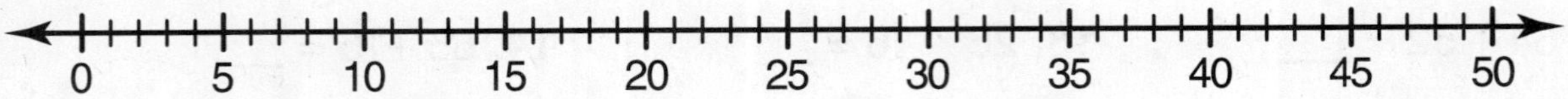

1. ¿Qué número es mayor, el que está 8 unidades a la derecha de 25 ó el que está 8 unidades a la izquierda de 25? Explica tu respuesta.

____

2. ¿Qué número es mayor, el que está 12 unidades a la izquierda de 18 ó el que está 3 unidades a la derecha de 18? Explica tu respuesta.

____

3. ¿Qué número es menor, el que está 15 unidades a la izquierda de 32 ó el que está 15 unidades a la derecha de 19? Explica tu respuesta.

____

4. ¿Qué número es menor, el que está 17 unidades a la derecha de 17 ó el que está 50 unidades a la izquierda de 50? Explica tu respuesta.

____

5. ¿Qué número es menor, el que está 23 unidades a la izquierda de 48 ó el que está 18 unidades a la derecha de 12? Explica tu respuesta.

____

6. ¿Qué número es mayor, el que está 100 unidades a la derecha de 0 ó el que está 50 unidades a la derecha de 50? Explica tu respuesta.

____

7. ¿Qué número es menor, el que está 27 unidades a la derecha de 31 ó el que está 31 unidades a la derecha de 27? Explica tu respuesta.

____

Nombre ____________________

Dibuja una recta numérica y úsala para contestar las preguntas.

8. ¿Cuántas unidades hacia la derecha debes contar para llegar a 18 desde 5?

____

9. ¿Cuántas unidades hacia la izquierda debes contar para llegar a 26 desde 40?

____

10. ¿Cuántas unidades y en qué dirección debes contar para llegar a 92 desde 115?

____

11. ¿Cuántas unidades y en qué dirección debes contar para llegar a 83 desde 35?

____

12. Empieza en 23, cuenta 14 unidades hacia la derecha y luego 15 hacia la izquierda. ¿Cuál es el número? Explica tu respuesta.

____

____

Dibuja una recta numérica en el espacio de abajo y úsala para escribir dos preguntas en las que compares números. Luego contesta las preguntas.

13. ____________________

____

____

14. ____________________

____

____

Nombre____

CAPÍTULO 9 ¡Tú puedes!

Sentido del cálculo mental

Puedes calcular mentalmente para resolver sumas de más de dos sumandos. Usa las propiedades de la suma.

Calcula mentalmente para resolver. Luego, explica cómo sumaste.

1. 20 + 32 + 41 = ____

____

2. 150 + 150 + 200 = ____

____

3. 12 + 71 + 18 = ____

____

4. 66 + 13 + 24 = ____

____

5. 30 + 18 + 70 = ____

____

6. 220 + 205 + 280 = ____

____

7. 30 + 305 + 410 = ____

____

8. 35 + 14 + 25 + 26 = ____

____

9. 108 + 123 + 202 + 107 = ____

____

Nombre____

Las letras en las oraciones de suma representan dígitos. Calcula mentalmente para hallar el valor de las letras.

10. 17 + 3A = 50 A = ___

11. 2B + 72 = 101 B = ___

12. 35 + 4C = 83 C = ___

13. D2+ 56 = 98 D = ___

14. E5 + 25 = 100 E = ___

15. 56 + F4 = 80 F = ___

16. 143 + 24G = 383 G = ___

17. 25H + 32 = 291 H = ___

18. 73 + 23 + J6 = 112 J = ___

Las letras en las oraciones de resta representan dígitos. Calcula mentalmente para hallar el valor de las letras.

19. 5K – 17 = 34 K = ___

20. 58 – 2L = 35 L = ___

21. M2 – 17 = 75 M = ___

22. 39 – N8 = 21 N = ___

23. 100 – P6 = 64 P = ___

24. Q0 – 53 = 27 Q = ___

25. 20R – 196 = 4 R = ___

26. 86 – 7S = 7 S = ___

Nombre ____

Suma y resta

CAPÍTULO 10

Destrezas en acción

Aprende

¿Qué puedo hacer?
Quiero sumar y restar números enteros.

Para sumar números de 2 dígitos, suma las unidades y luego las decenas. A veces hay que reagrupar.

$$\begin{array}{r} 36 \\ +72 \\ \hline 108 \end{array} \qquad \begin{array}{r} {\scriptstyle 1} \\ 57 \\ +96 \\ \hline 153 \end{array}$$

Para restar números de 2 dígitos, resta las unidades y luego las decenas. A veces hay que reagrupar.

$$\begin{array}{r} 79 \\ -52 \\ \hline 27 \end{array} \qquad \begin{array}{r} {\scriptstyle 4\,15} \\ \not{5}\not{5} \\ -28 \\ \hline 27 \end{array}$$

Inténtalo

• **Completa para hallar la suma o la diferencia.**

1. $\begin{array}{r} {\scriptstyle 1} \\ 54 \\ +39 \\ \hline 3 \end{array}$ **2.** $\begin{array}{r} {\scriptstyle 7\,12} \\ \not{8}\not{2} \\ -44 \\ \hline 8 \end{array}$ **3.** $\begin{array}{r} {\scriptstyle 1} \\ 85 \\ +46 \\ \hline 1 \end{array}$ **4.** $\begin{array}{r} {\scriptstyle 1\,16} \\ \not{2}\not{6} \\ -18 \\ \hline \end{array}$

Práctica de destrezas

• **Halla la suma o la diferencia.**

5. $\begin{array}{r} 63 \\ +57 \\ \hline \end{array}$ **6.** $\begin{array}{r} 76 \\ -49 \\ \hline \end{array}$ **7.** $\begin{array}{r} 45 \\ -28 \\ \hline \end{array}$ **8.** $\begin{array}{r} 72 \\ +77 \\ \hline \end{array}$

9. $\begin{array}{r} 84 \\ -56 \\ \hline \end{array}$ **10.** $\begin{array}{r} 46 \\ +76 \\ \hline \end{array}$ **11.** $\begin{array}{r} 71 \\ -35 \\ \hline \end{array}$ **12.** $\begin{array}{r} 93 \\ +89 \\ \hline \end{array}$

13. $\begin{array}{r} 63 \\ +24 \\ \hline \end{array}$ **14.** $\begin{array}{r} 85 \\ -21 \\ \hline \end{array}$ **15.** $\begin{array}{r} 43 \\ +53 \\ \hline \end{array}$ **16.** $\begin{array}{r} 59 \\ -34 \\ \hline \end{array}$

Nombre ______________________________

CAPÍTULO 10

Destrezas en acción

Multiplicación y división

Aprende

¿Qué puedo hacer?
Quiero multiplicar y dividir números enteros.

Para multiplicar números de 2 dígitos, multiplica las unidades y luego las decenas. A veces hay que reagrupar.

$$\begin{array}{r} 34 \\ \times\ 2 \\ \hline 68 \end{array} \qquad \begin{array}{r} {}^{3} \\ 76 \\ \times\ 5 \\ \hline 380 \end{array}$$

Piensa: 5 x 7 = 35 y 35 decenas + 3 decenas = 38 decenas

Para dividir números de 2 dígitos entre un divisor de 1 dígito, divide primero las decenas y luego las unidades. A veces no se pueden dividir las decenas.

$$\begin{array}{r} 17 \\ 4\overline{)68} \\ -40 \\ \hline 28 \\ -28 \\ \hline 0 \end{array} \qquad \begin{array}{r} 6 \\ 9\overline{)54} \\ -54 \\ \hline 0 \end{array}$$

Inténtalo

• **Completa para hallar el producto o el cociente.**

1. $\begin{array}{r} {}^{4} \\ 45 \\ \times\ 8 \\ \hline 0 \end{array}$

2. $\begin{array}{r} {}^{1} \\ 82 \\ \times\ 6 \\ \hline 2 \end{array}$

3. $\begin{array}{r} 1 \\ 6\overline{)78} \\ -6 \\ \hline 1 \\ - \\ \hline \end{array}$

4. $\begin{array}{r} 1 \\ 7\overline{)84} \\ -7 \\ \hline 1 \\ - \\ \hline \end{array}$

Práctica de destrezas

• **Halla el producto o el cociente.**

5. $\begin{array}{r} 27 \\ \times\ 5 \\ \hline \end{array}$

6. $\begin{array}{r} 76 \\ \times\ 3 \\ \hline \end{array}$

7. $\begin{array}{r} 42 \\ \times\ 4 \\ \hline \end{array}$

8. $\begin{array}{r} 24 \\ \times\ 2 \\ \hline \end{array}$

9. $5\overline{)80}$

10. $3\overline{)96}$

11. $6\overline{)84}$

12. $6\overline{)72}$

Nombre____

Tablas de funciones

Aprende

Para completar una tabla de entrada y salida, aplica la regla al número en la columna de entrada para calcular el número que corresponde a la columna de salida.

Entrada	Regla: × 12	Salida
2	Piensa: 2 × 12 = 24	24
5	Piensa: 5 × 12 = 60	60
8	Piensa: 8 × 12 = 96	96

Entrada	Regla: – 33	Salida
61	Piensa: 61 – 33 = 28	28
80	Piensa: 80 – 33 = 47	47
92	Piensa: 92 – 33 = 59	59

Inténtalo • Completa las tablas.

1.

Entrada	Regla: × 3	Salida
4	4 × 3	12
6	6 × 3	_____
9	9 × 3	_____
7	7 × 3	_____

2.

Entrada	Regla: ÷ 6	Salida
18	18 ÷ 6	3
72	72 ÷ 6	_____
54	54 ÷ 6	_____
24	24 ÷ 6	_____

3.

Entrada	Regla: + 14	Salida
38	38 + 14	_____
26	26 + 14	_____
57	57 + 14	_____

4.

Entrada	Regla: – 24	Salida
32	32 – 24	_____
45	45 – 24	_____
60	60 – 24	_____

Nombre ______________________________

Práctica de destrezas • **Completa las tablas.**

5.

Entrada	Regla: + 25	Salida
25	______	____
69	______	____
86	______	____

6.

Entrada	Regla: − 38	Salida
42	______	____
62	______	____
75	______	____

7.

Entrada	Regla: ÷ 11	Salida
44	______	____
110	______	____
132	______	____
66	______	____

8.

Entrada	Regla: + 13	Salida
99	______	____
27	______	____
58	______	____
42	______	____

9.

Entrada	Regla: × 6	Salida
4	______	____
8	______	____
7	______	____

10.

Entrada	Regla: − 26	Salida
27	______	____
70	______	____
82	______	____

11.

Entrada	Regla: × 7	Salida
3	______	____
7	______	____
9	______	____
4	______	____

12.

Entrada	Regla: ÷ 3	Salida
27	______	____
12	______	____
18	______	____
93	______	____

Nombre ____

CAPÍTULO 10
Destrezas en acción

Números enteros

Aprende

¿Qué puedo hacer?
Quiero identificar números enteros en una recta numérica.

Los números enteros positivos están a la derecha del cero en la recta numérica. Los números enteros negativos están a la izquierda del cero.

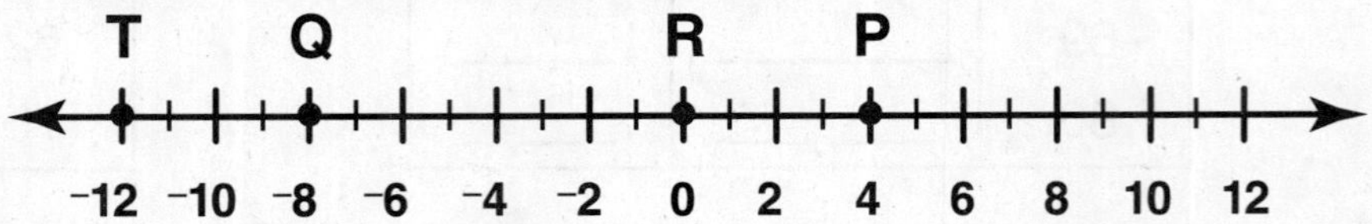

P está 4 unidades a la derecha de 0. Por lo tanto, P = +4 ó 4.
Q está 8 unidades a la izquierda de 0. Por lo tanto, Q = −8.
R está sobre el punto del 0. Por lo tanto, R = 0.
T está 12 unidades a la izquierda de 0. Por lo tanto, T = −12.

En esta recta numérica, P es positivo, Q y T son negativos, y R no es positivo ni negativo.

Inténtalo

• **Di si los números enteros correspondientes a las letras en las rectas numéricas son positivos o negativos.**

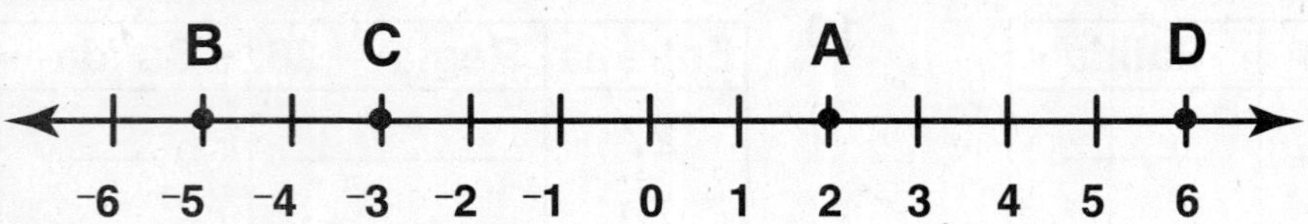

1. A = ______________________ **2.** B = ______________________

3. C = ______________________ **4.** D = ______________________

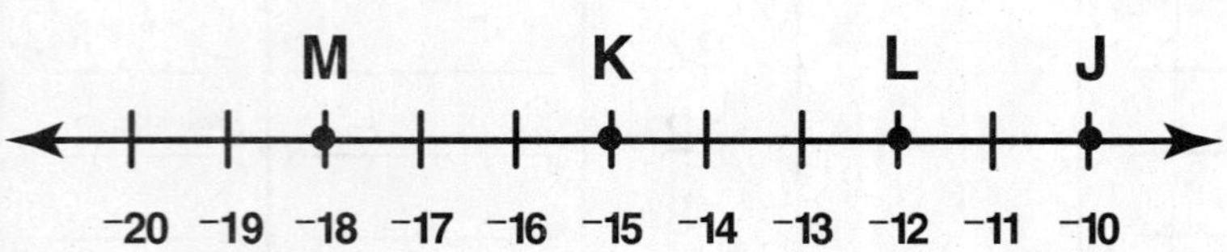

5. J = ______________________ **6.** K = ______________________

7. L = ______________________ **8.** M = ______________________

Nombre ____

Práctica de destrezas

• Identifica los números enteros representados por las letras en las rectas numéricas.

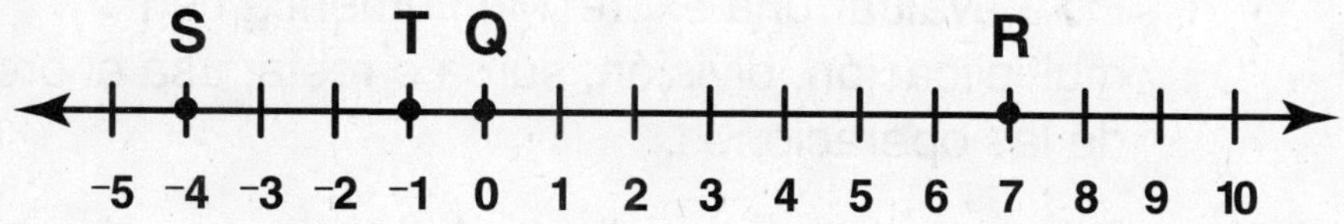

9. Q = ______________________ **10.** R = ______________________

11. S = ______________________ **12.** T = ______________________

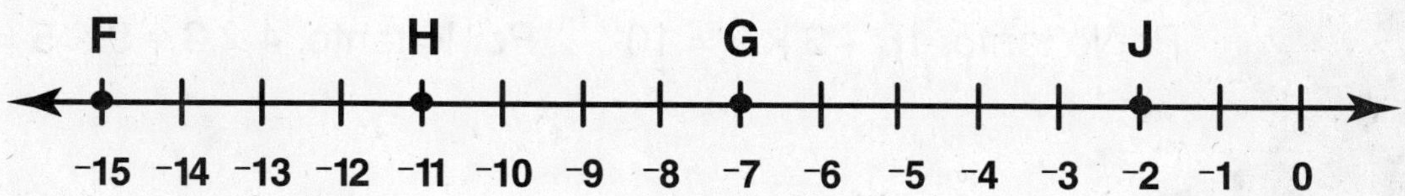

13. F = ______________________ **14.** G = ______________________

15. H = ______________________ **16.** J = ______________________

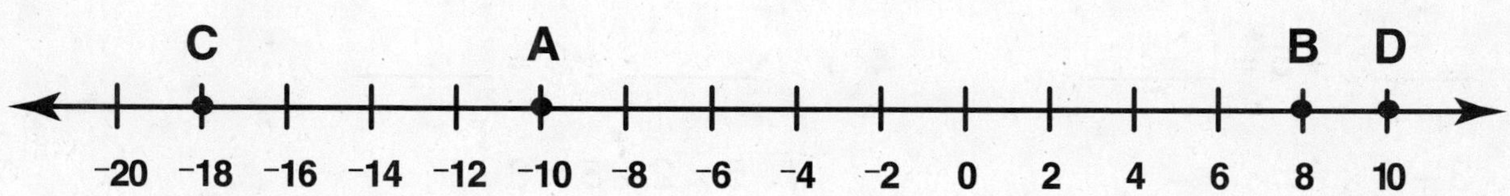

17. A = ______________________ **18.** B = ______________________

19. C = ______________________ **20.** D = ______________________

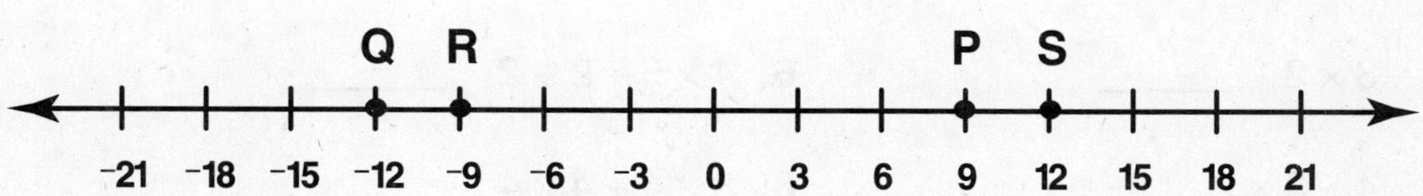

21. P = ______________________ **22.** Q = ______________________

23. R = ______________________ **24.** S = ______________________

Nombre ______________________________

CAPÍTULO 10

Destrezas en acción

Orden de las operaciones

Aprende

¿Qué puedo hacer?
Quiero evaluar una expresión numérica con más de una operación.

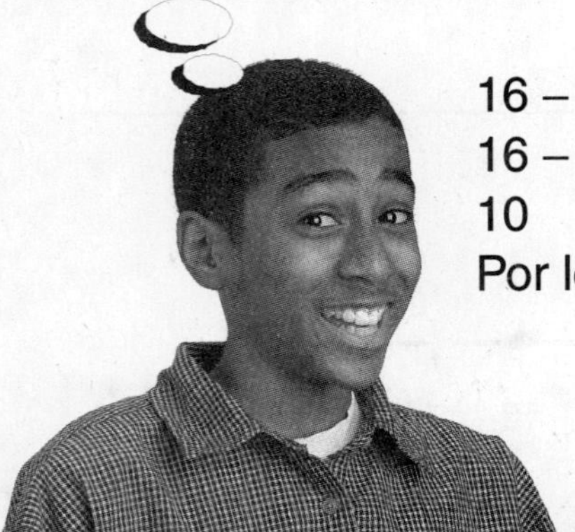

Para evaluar una expresión numérica con multiplicación, división, suma o resta, usa el orden de las operaciones.

Primero multiplica o divide de izquierda a derecha. Luego suma o resta de izquierda a derecha.

$16 - 3 \times 2$	← Primero multiplica.	$4 \times 3 + 9 \times 5$	← Primero multiplica.
$16 - 6$	← Ahora resta.	$12 + 45$	← Ahora suma.
10		57	
Por lo tanto, $16 - 3 \times 2 = 10$		Por lo tanto, $4 \times 3 + 9 \times 5 = 57$	

Inténtalo

• **Completa los pasos para evaluar las expresiones.**

1. $2 \times 4 + 5$
↓
______ $+ 5 =$ ______

2. $6 \times 3 + 3$
↓
______ $+ 3 =$ ______

3. $3 + 2 \times 6$
↓
$3 +$ ______ $=$ ______

4. $5 \times 2 + 5 \times 3$
↓ ↓
______ $+$ ______ $=$ ______

Práctica de destrezas

• **Evalúa.**

5. $9 - 3 \times 2$ ______

6. $4 \times 6 - 2 \div 2$ ______

7. $2 \times 4 - 3 \times 2$ ______

8. $3 \times 4 + 4 \times 4$ ______

9. $8 + 4 \times 3$ ______

10. $15 - 5 \times 2$ ______

11. $6 \times 5 - 2 \times 4$ ______

12. $12 \times 2 + 3$ ______

Nombre____

CAPÍTULO 10

Destrezas en acción

Cálculo mental: Suma y resta

Aprende

Para completar oraciones numéricas de suma y resta, usa operaciones básicas y el cálculo mental.

15 – ? = 6 Piensa: ¿Qué número hará verdadera la oración numérica?

15 – 9 = 6

26 + ? = 30 Piensa: ¿Qué número hará verdadera la oración numérica?

26 + 4 = 30

Inténtalo

• **Calcula mentalmente qué número hará verdadera la oración numérica.**

1. 7 – ? = 3 Piensa: 7 – 4 = 3
El número que hace verdadera la oración es ______ .

2. 9 + ? = 14 Piensa: 9 + 5 = 14
El número que hace verdadera la oración es ______ .

Práctica de destrezas

• **¿Qué números hacen verdaderas estas oraciones numéricas?**

3. 4 + ? = 16 ______

4. 17 – ? = 13 ______

5. 15 – ? = 5 ______

6. 12 + ? = 17 ______

7. 8 + ? = 17 ______

8. 14 – ? = 8 ______

9. 11 – ? = 5 ______

10. 9 + ? = 16 ______

11. 22 + ? = 27 ______

12. 16 – ? = 7 ______

Nombre ______________________________

CAPÍTULO 10
Destrezas en acción

Cálculo mental: Multiplicación y división

Aprende

Para completar oraciones numéricas de multiplicación y división usa operaciones básicas y el cálculo mental.

$2 \times \underline{?} = 40$ Piensa: ¿Qué número hará verdadera la oración numérica?

$2 \times 20 = 40$

$36 \div \underline{?} = 12$ Piensa: ¿Qué número hará verdadera la oración numérica?

$36 \div 3 = 12$

Inténtalo

• **Calcula mentalmente qué número hará verdadera la oración numérica.**

1. $7 \times \underline{?} = 28$ Piensa: $7 \times 4 = 28$
El número que hace verdadera la oración es ______ .

2. $12 \times \underline{?} = 72$ Piensa: $12 \times 6 = 72$
El número que hace verdadera la oración es ______ .

3. $2 \times \underline{?} = 48$ Piensa: $2 \times 24 = 48$
El número que hace verdadera la oración es ______ .

4. $10 \times \underline{?} = 110$ Piensa: $10 \times 11 = 110$
El número que hace verdadera la oración es ______ .

5. $81 \div \underline{?} = 9$ Piensa: $81 \div 9 = 9$
El número que hace verdadera la oración es ______ .

6. $60 \div \underline{?} = 6$ Piensa: $60 \div 10 = 6$
El número que hace verdadera la oración es ______ .

Nombre ______________________________

Práctica de destrezas • ¿Qué números hacen verdaderas estas oraciones numéricas?

7. $8 \times \underline{?} = 72$ ______
8. $56 \div \underline{?} = 7$ ______
9. $27 \div \underline{?} = 3$ ______
10. $4 \times \underline{?} = 16$ ______
11. $36 \div \underline{?} = 6$ ______
12. $42 \div \underline{?} = 6$ ______
13. $9 \times \underline{?} = 45$ ______
14. $14 \div \underline{?} = 2$ ______
15. $12 \times \underline{?} = 48$ ______
16. $28 \div \underline{?} = 7$ ______
17. $8 \times \underline{?} = 32$ ______
18. $54 \div \underline{?} = 9$ ______
19. $44 \div \underline{?} = 11$ ______
20. $15 \times \underline{?} = 30$ ______
21. $5 \times \underline{?} = 40$ ______
22. $7 \times \underline{?} = 77$ ______
23. $48 \div \underline{?} = 6$ ______
24. $4 \times \underline{?} = 36$ ______
25. $25 \div \underline{?} = 5$ ______
26. $12 \times \underline{?} = 60$ ______
27. $3 \times \underline{?} = 27$ ______
28. $88 \div \underline{?} = 8$ ______
29. $4 \times \underline{?} = 12$ ______
30. $9 \times \underline{?} = 63$ ______

Aprende en la escuela y en el hogar

¿Cuál es el número?

- Cada jugador da una pista sobre un número. Por ejemplo: "Si multiplicas mi número por 3, el producto es 45. ¿Cuál es el número?"
- Usen productos y cocientes en el juego.
- Los jugadores anotan un punto cuando aciertan el número.
- Jueguen hasta que un jugador tenga 15 puntos.

Nombre ____________________

CAPÍTULO 10 ¡Tú puedes!

La pista son los números

Halla las reglas que relacionan los números de entrada y salida en las tablas.

1.

Entrada	Salida
24	32
17	25
53	61
46	54

Regla: ____________

2.

Entrada	Salida
52	47
96	91
43	38
24	19

Regla: ____________

3.

Entrada	Salida
9	27
11	33
15	45
12	36

Regla: ____________

4.

Entrada	Salida
32	8
48	12
16	4
64	16

Regla: ____________

5.

Entrada	Salida
22	37
26	41
15	30
79	94

Regla: ____________

6.

Entrada	Salida
86	66
93	73
51	31
28	8

Regla: ____________

7.

Entrada	Salida
56	88
38	70
79	111

Regla: ____________

8.

Entrada	Salida
7	42
10	60
18	108

Regla: ____________

9.

Entrada	Salida
73	55
37	19
51	33

Regla: ____________

10.

Entrada	Salida
49	7
63	9

Regla: ____________

11.

Entrada	Salida
9	90
12	120

Regla: ____________

12.

Entrada	Salida
81	35
46	0

Regla: ____________

13.

Entrada	Output
99	11

Regla: ____________

14.

Entrada	Output
7	84

Regla: ____________

15.

Entrada	Output
50	14

Regla: ____________

Nombre ______________________________

Sigue las reglas para hallar los números.

16. Empieza con 18. Divídelo entre 3. Súmale 6.
¿Cuál es el número? ______________

17. Empieza con 65. Súmale 19. Réstale 25.
¿Cuál es el número? ______________

18. Empieza con 35. Multiplícalo por 2. Réstale 12.
¿Cuál es el número? ______________

19. Empieza con 44. Réstale 17. Divídelo entre 9.
¿Cuál es el número? ______________

20. Empieza con 25. Divídelo entre 5. Multiplícalo por 6. Súmale 2.
¿Cuál es el número? ______________

21. Empieza con 80. Réstale 40. Multiplícalo por 4.
¿Cuál es el número? ______________

22. Empieza con 38. Súmale 6. Réstale 2. Divídelo entre 7.
¿Cuál es el número? ______________

23. Empieza con 9. Multiplícalo por 9. Réstale 9. Súmale 3.
¿Cuál es el número? ______________

24. Empieza con 12. Súmale 18. Divídelo entre 5. Multiplícalo por 3. Réstale 3.
¿Cuál es el número? ______________

Escribe una regla para hallar un número. Haz reglas de al menos tres pasos. Luego muestra cómo hallar el número.

25. ______________________________

____

____

26. ______________________________

____

____

Nombre ______________________________

CAPÍTULO 10 ¡Tú puedes!

Sentido de las operaciones

Usa +, −, x ó ÷. Identifica las operaciones que harán verdaderas las oraciones numéricas.

1. 18 _____ 23 = 41

2. 95 _____ 17 = 78

3. 48 _____ 4 = 12

4. 11 _____ 12 = 132

5. 78 _____ 59 = 19

6. 84 _____ 36 = 120

7. 15 _____ 5 = 75

8. 32 _____ 10 = 320

9. 45 _____ 9 = 5

10. 100 _____ 5 = 20

11. 16 _____ 30 = 46

12. 68 _____ 14 = 54

13. 12 _____ 5 = 60

14. 42 _____ 6 = 7

15. 61 _____ 12 = 49

16. 77 _____ 11 = 7

17. 46 _____ 32 = 78

18. 30 _____ 4 = 120

19. 22 _____ 4 = 88

20. 70 _____ 5 = 14

Usa +, −, x ó ÷. Identifica las operaciones que harán verdaderas las oraciones numéricas. Escribe una oración numérica que lo demuestre.

21. 4 _____ 3 _____ 7 = 25 ______________________

22. 32 _____ 6 _____ 8 = 34 ______________________

23. 18 _____ 7 _____ 2 = 4 ______________________

24. 45 _____ 23 _____ 15 = 53 ______________________

25. 53 _____ 4 _____ 6 = 29 ______________________

Nombre____

¿Qué números hacen verdaderas las oraciones numéricas? Escribe oraciones que lo demuestren.

26. $8 \times$ _____ $+ 4 = 52$ ____________________

27. _____ $+ 3 \times 9 = 44$ ____________________

28. $3 +$ _____ $\times 9 = 48$ ____________________

29. $25 -$ _____ $\times 2 = 3$ ____________________

30. _____ $- 3 \times 3 = 6$ ____________________

31. $64 - 4 \times$ _____ $= 48$ ____________________

32. $28 \times$ _____ $- 6 = 50$ ____________________

33. $45 -$ _____ $\times 3 = 0$ ____________________

34. $52 +$ _____ $\times 2 = 70$ ____________________

35. $56 -$ _____ $\times 14 = 28$ ____________________

36. _____ $+ 5 \times 9 = 77$ ____________________

37. $15 +$ _____ $- 27 = 31$ ____________________

38. $5 \times$ _____ $- 3 \times 5 = 5$ ____________________

39. $6 \times 6 +$ _____ $\times 4 = 72$ ____________________

40. $85 - 9 \times 8 +$ _____ $= 16$ ____________________

Escribe una oración numérica en la que falte una operación. Di qué operación falta. Explica cómo hiciste una oración numérica verdadera.

41. ____

____

Nombre ______________________________

Puntos en una recta numérica

CAPÍTULO 11
Destrezas en acción

Aprende

Primero cuenta el número de partes iguales que hay entre dos números enteros.

Una recta numérica dividida en cuartos tendrá cuatro partes iguales entre dos números enteros. Si la recta está dividida en décimos, tendrá diez partes iguales entre dos números enteros.

¿Qué puedo hacer?
Quiero identificar un punto situado entre dos números enteros en una recta numérica.

La recta de abajo tiene seis partes iguales entre los números enteros, por lo tanto, la longitud de cada parte es $\frac{1}{6}$.

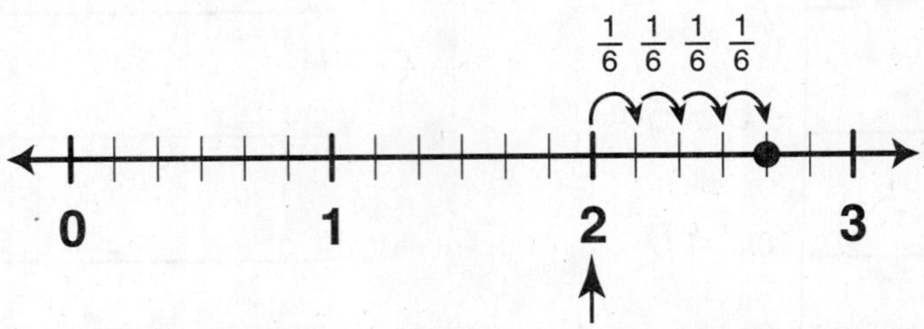

Para identificar el punto, busca el número entero que hay a su izquierda. El número es 2. Cuenta el número de sextos hasta el punto. El punto está en $2\frac{4}{6}$ ó $2\frac{2}{3}$.

Inténtalo

• **Usa las rectas numéricas para completar las oraciones.**

1.

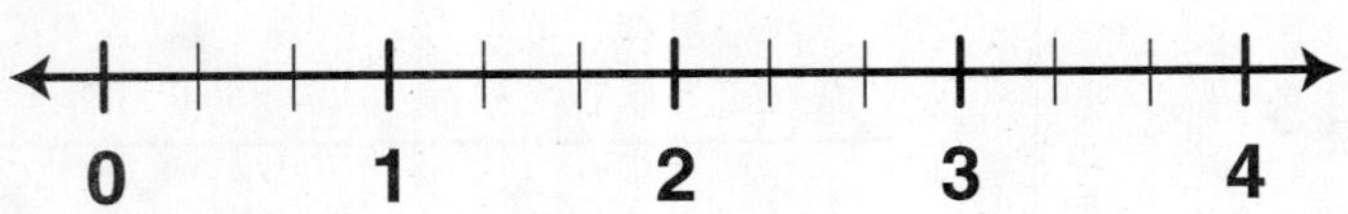

Hay ______ partes iguales entre los números enteros.

Cada parte equivale a ______ de un número entero.

2.

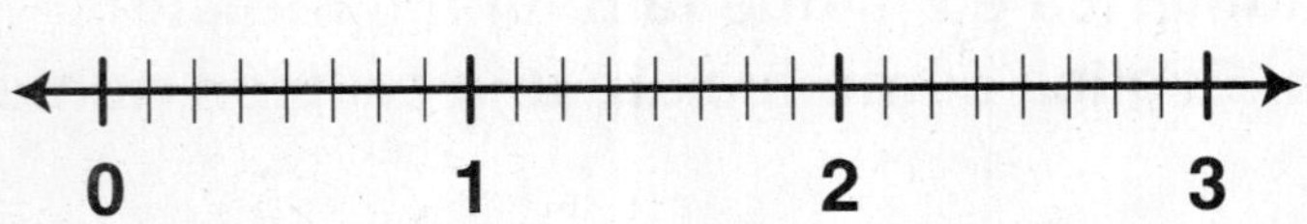

Hay ______ partes iguales entre los números enteros.

Cada parte equivale a ______ de un número entero.

Nombre____

Práctica de destrezas • **Escribe el valor de los puntos en las rectas numéricas.**

3. 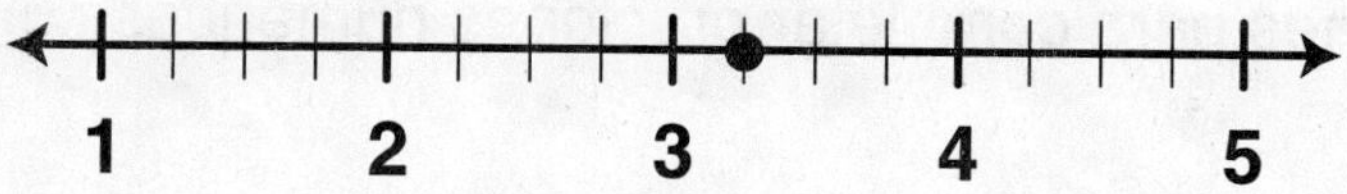

______

4. 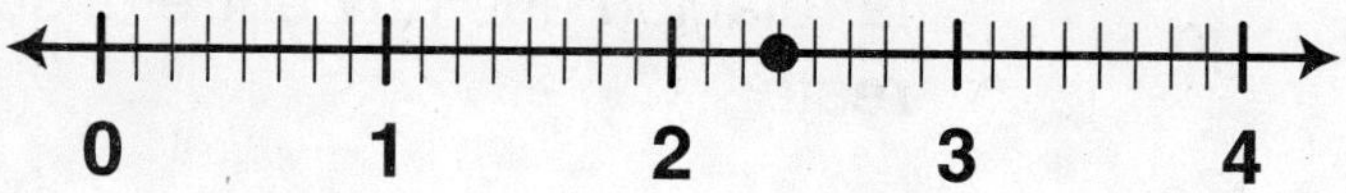

______

5. 

______

6. 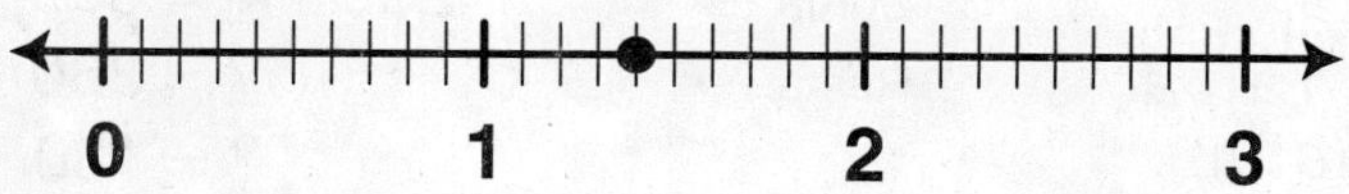

______

7. 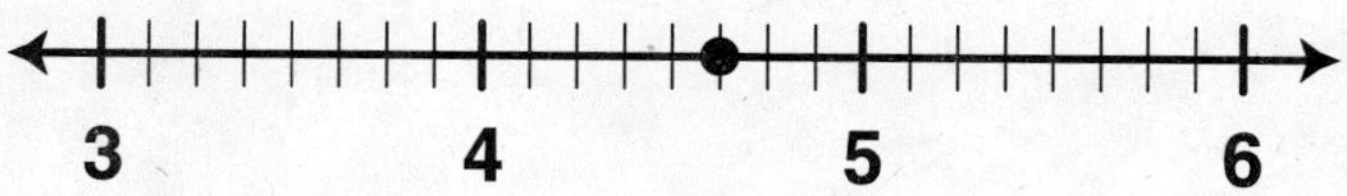

______

8. 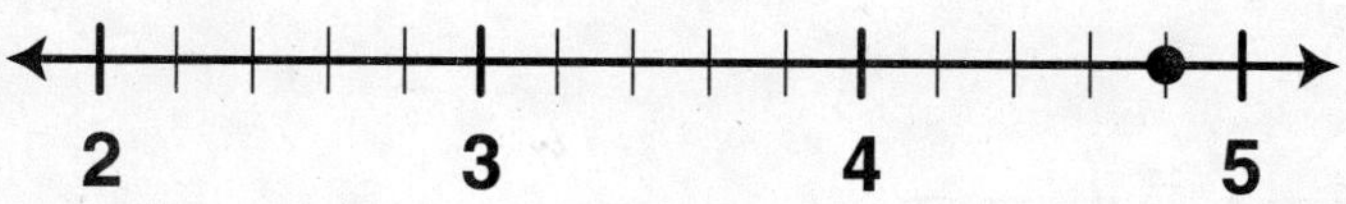

______

9. 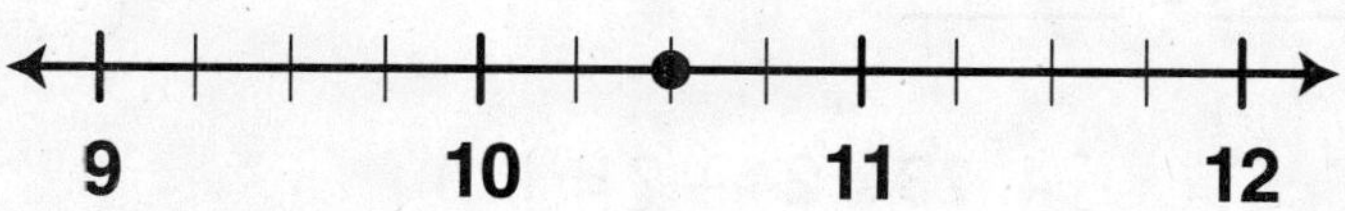

______

10. 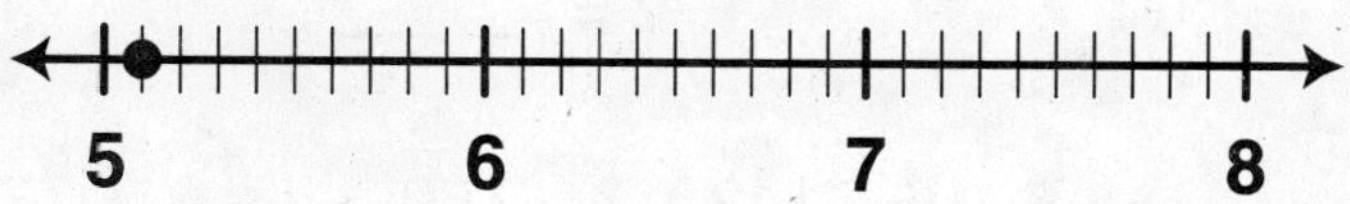

______

Nombre ____

CAPÍTULO 11 Destrezas en acción

Suma y resta

Aprende

Sigue el orden de las operaciones para completar oraciones numéricas con varias operaciones.

Completa: $180 - (38 + 63) = ?$

Primero haz la operación entre paréntesis: suma 38 + 63. Luego resta el total de 180.

$$180 - (38 + 63) = 180 - 101$$
$$= 79$$

Por lo tanto, $180 - (38 + 63) = 79$.

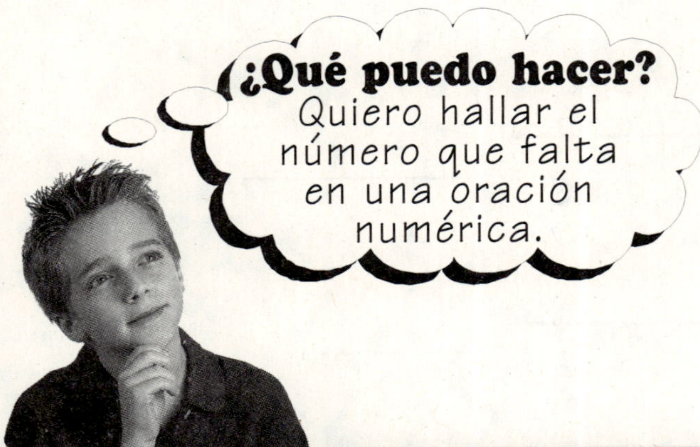

Para completar una oración numérica en la que falta un sumando, piensa en la relación que hay entre la suma y la resta.

Completa:
$125 + 42 + 63 + \underline{?} = 360$

Primero suma los sumandos. Luego resta el total de 360.

$125 + 42 + 63 + \underline{?} = 360$
Suma → $230 + \underline{?} = 360$
Resta → $\underline{?} = 360 - 230$
$\underline{?} = 130$

Por lo tanto, $125 + 42 + 63 + 130 = 360$

Inténtalo • Completa.

1. $180 - (45 + 45) = 180 -$ ______ = ______

2. $180 - (30 + 80) = 180 -$ ______ = ______

3. $50 + 70 + \underline{?} = 180$
   $\underline{?} = 180 - (50 + 70)$
   $\underline{?} =$ ______

4. $73 + 24 + \underline{?} = 180$
   $\underline{?} = 180 - (73 + 24)$
   $\underline{?} =$ ______

5. $60 + 42 + \underline{?} = 180$
   $\underline{?} = 180 - (60 + 42)$
   $\underline{?} =$ ______

6. $16 + 142 + \underline{?} = 180$
   $\underline{?} = 180 - (16 + 142)$
   $\underline{?} =$ ______

Nombre______________________________________

Práctica de destrezas • Completa.

7. 180 – (15 + 60) = ______

8. 45 + 35 + ______ = 180

9. 30 + 75 + ______ = 180

10. 180 – (55 + 65) = ______

11. 360 – (105 + 75 + 105) = ______

12. 125 + 45 + 90 + ______ = 360

13. 360 – (78 + 82 + 108) = ______

14. 66 + 110 + 42 + ______ = 360

15. 360 – (130 + 75 + 25) = ______

16. 80 + 100 + 80 + ______ = 360

17. 360 – (55 + 35 + 105) = ______

18. 73 + 40 + 42 + ______ = 360

19. 28 + 65 + ______ = 180

20. 180 – (36 + 52) = ______

21. 360 – (112 + 78 + 108) = ______

22. 180 – (25 + 120) = ______

Aprende en la escuela y en el hogar

¡Qué diferencia!

Tomen un juego de tarjetas de 5 x 7 y escriban un número múltiplo de 10 en cada una. A medida que el juego se haga más fácil, pueden usar otros números de 2 dígitos.

- Un jugador dice un número entre 180 y 250. Empiecen con múltiplos de 10.
- Coloquen la pila de tarjetas boca abajo. Otro jugador elige dos tarjetas de la pila. Debe calcular la suma de ambos números y, luego, la diferencia entre el total y el número que dijo el primer jugador. Si sus cálculos son correctos, anota un punto.
- Túrnense. Ganan los que consigan más puntos.

Nombre ______________________________

CAPÍTULO 11

Destrezas en acción

Medidas

Aprende

¿Qué puedo hacer? Quiero medir un segmento de recta.

Para medir un segmento de recta, coloca la regla de modo que la marca que corresponde a 0 esté justo debajo del extremo izquierdo del segmento. Mira en la regla la marca a la que llega el extremo derecho del segmento.

Puedes usar una regla de medidas angloamericanas. Mide a la fracción de pulgada más cercana.

El segmento de recta mide $3\frac{9}{16}$ pulgadas.

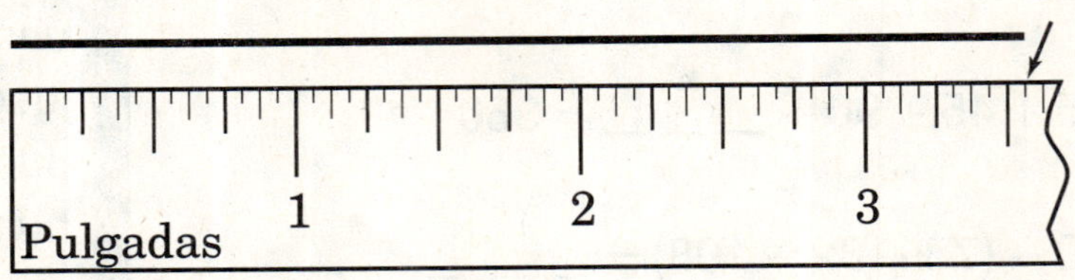

Puedes usar una regla métrica. Los números de una regla métrica representan centímetros. Las marcas entre los centímetros representan milímetros.

El segmento de recta mide 82 milímetros u 8.2 centímetros.

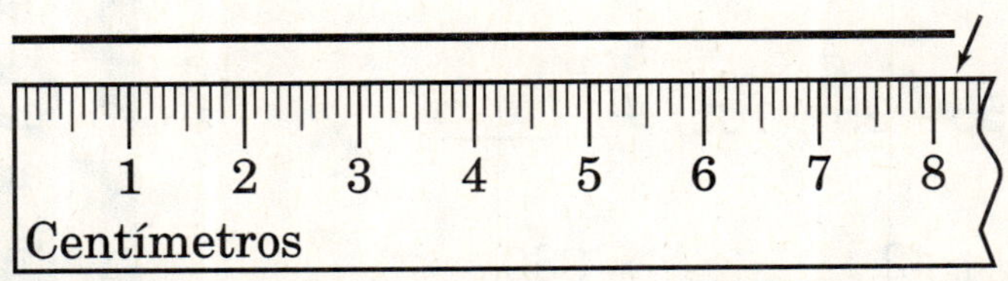

Inténtalo

• **Completa.**

La fracción es $\frac{1}{4}$ de pulgada. ¿Cuál es la longitud total?

Hay 6 marcas de milímetro después del 4. ¿Cuál es la longitud total?

1. ______________________

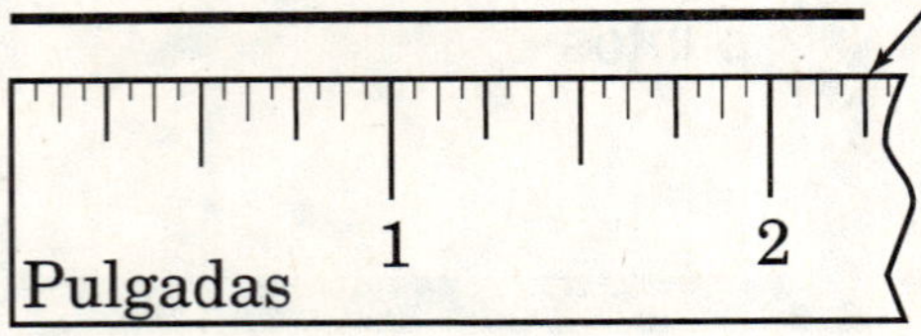

2. ______________________

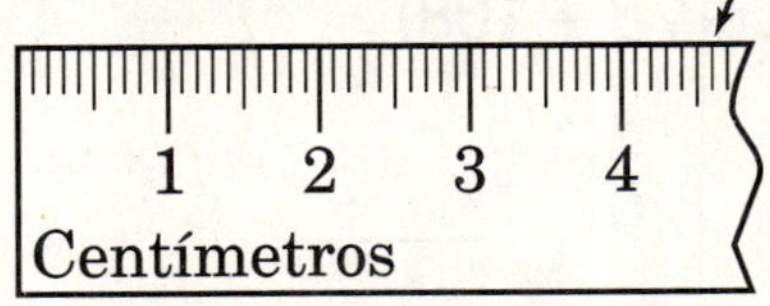

______________________ ______________________

Nombre____

Práctica de destrezas • **Completa.**

3.
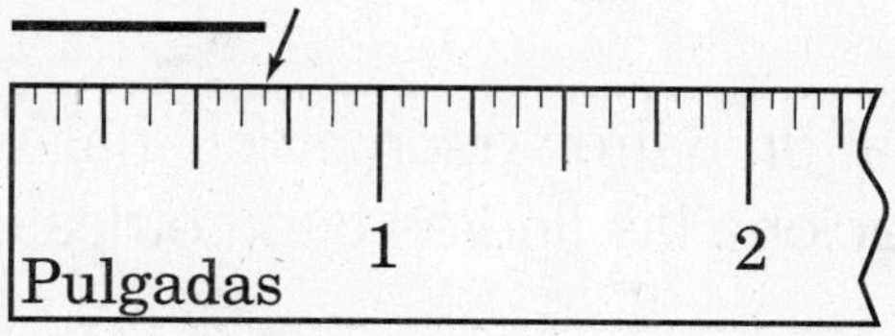

__________ pulgadas

4.
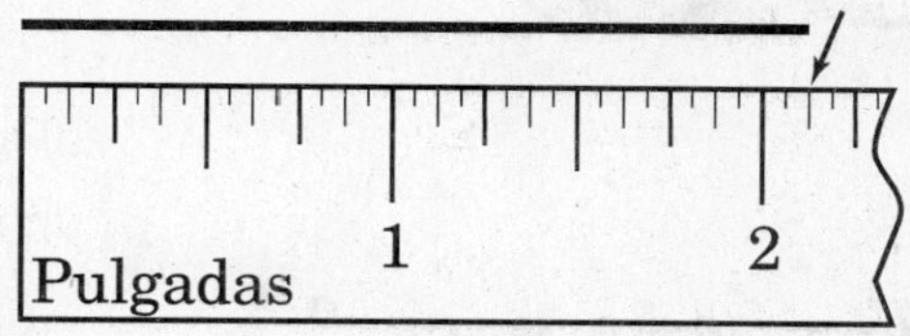

__________ pulgadas

5.
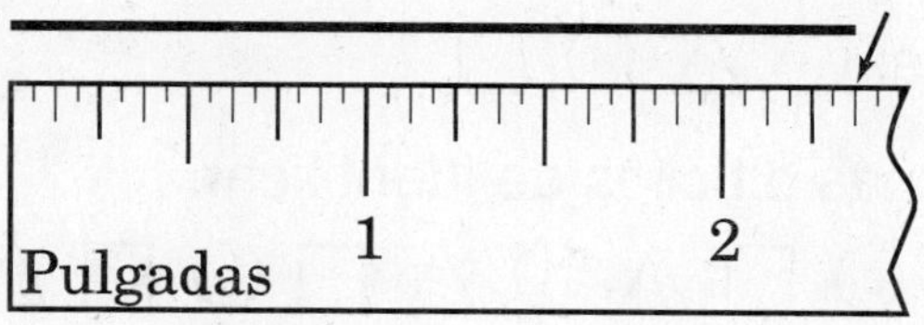

__________ pulgadas

6.
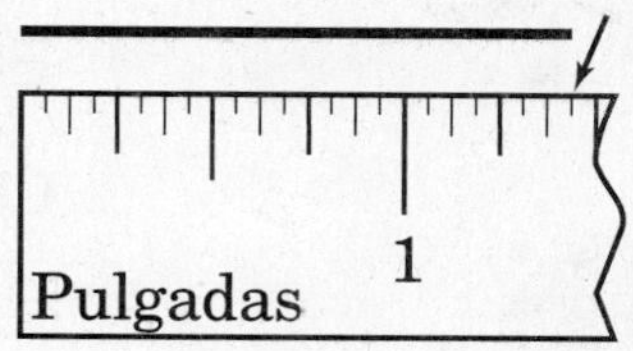

__________ pulgadas

7.
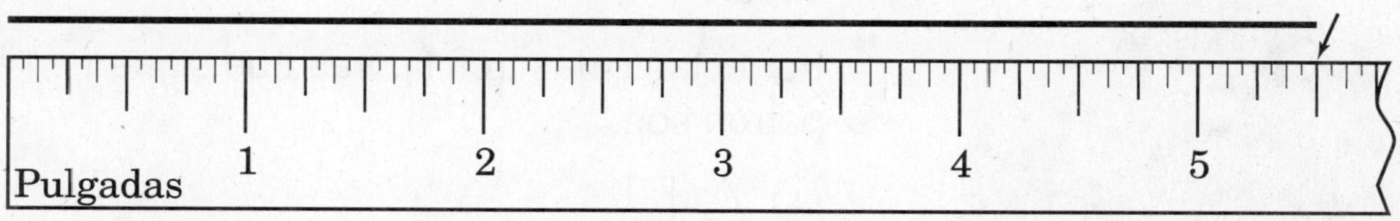

__________ pulgadas

8.
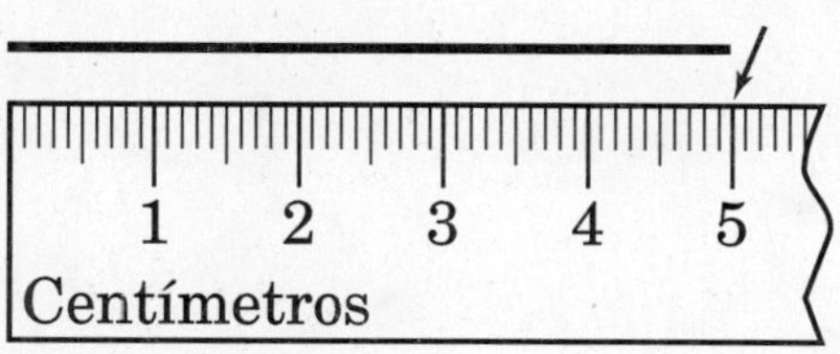

__________ centímetros

9.
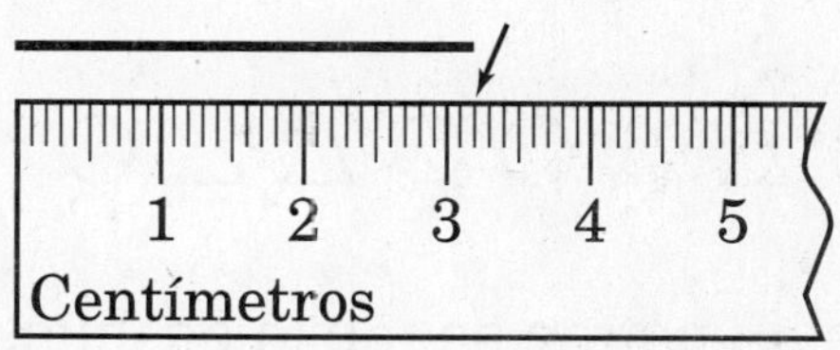

__________ milímetros

10.
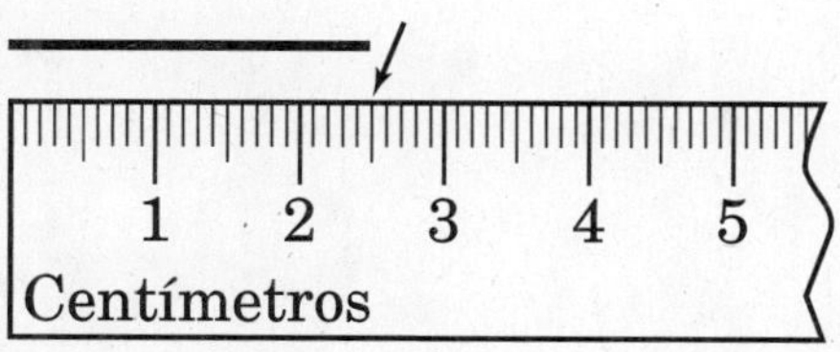

__________ milímetros

11.
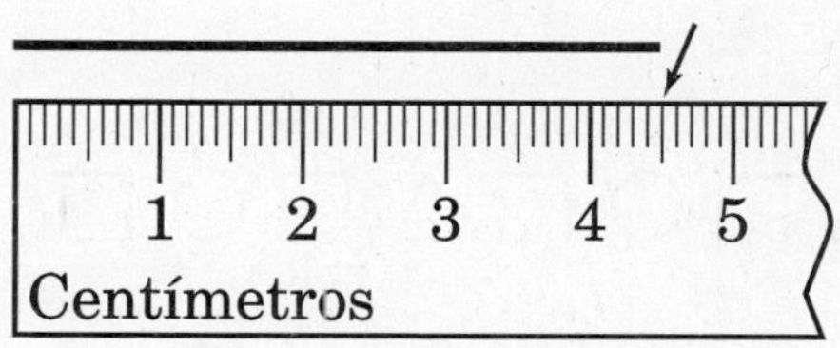

__________ milímetros

Nombre ____

CAPÍTULO 11

Destrezas en acción

Patrones

Aprende

¿Qué puedo hacer?
Quiero identificar un patrón geométrico.

Para identificar un patrón geométrico, halla la regla que relaciona las figuras geométricas.

Algunos patrones geométricos son fáciles de identificar.

○ △ ○ □ ○ △ ○ □

El patrón es: ○ △ ○ □

Otros son más difíciles de identificar.

○ △ □ ○ □ △ ○ △ □ ○ □ △

En este patrón, triángulos y cuadrados intercambian posiciones después de cada círculo.

Por lo tanto, las tres figuras que siguen en el patrón son:

○ △ □

Inténtalo

• Dibuja las tres figuras que seguirían en los patrones.

1. ○ △ △ ○ ○ △ △ ○

Piensa: El patrón se repite después del cuadrado.

________, ________, ________

2. △ □ ○ □ △ □ ○ □

Piensa: Triángulos y círculos intercambian posiciones después de cada cuadrado.

________, ________, ________

Nombre____

Práctica de destrezas

• **¿Cuáles son las tres figuras que seguirían en los patrones? Dibújalas.**

3. ○ △ ○ △ ○ □ ○ □ ○ △

________, ________, ________

4. △ □ ○ △ ○ □ △ □ ○

________, ________, ________

5. □ □ △ ○ □ □ ○ △ □ □ △

________, ________, ________

6. ○ ○ ○ ○ ○ □ ○ ○ ○ ○ □ ○ ○ ○ □

________, ________, ________

7. 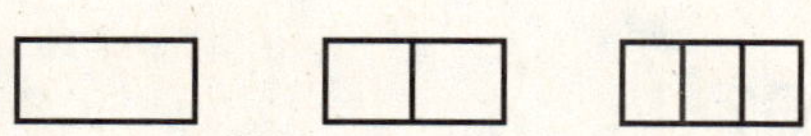

________, ________, ________

8. 

________, ________, ________

Nombre ______________________________________

CAPÍTULO 11 ¡Tú puedes!

Sentido numérico

Para completar una oración numérica en la que faltan números de igual valor, puedes usar el sentido numérico. En las siguientes oraciones numéricas, cada letra representa un número diferente. Piensa cómo completar una oración numérica relacionada en la que falte un número. Luego, usa el sentido numérico para hallar el número que cada letra representa.

1. Si A + A + 50 = 180, ¿qué número es A?

Piensa: Una oración numérica relacionada es B + 50 = 180.

a. Entonces, B = ______

b. Por lo tanto, A = ______ porque ______________________________

2. Si 180 – (C + C) = 80, ¿qué número es C?

a. Escribe una oración numérica relacionada. Usa D. ______________

b. Entonces, D = ______

c. Por lo tanto, C = ______

3. Si E + E + E + 150 = 360, ¿qué número es E?

a. Escribe una oración numérica relacionada. Usa F. ______________

b. Entonces, F = ______

c. Por lo tanto, E = ______

4. Si 360 – (G + G + G) = 240, ¿qué número es G?

a. Escribe una oración numérica relacionada. Usa H. ______________

b. Entonces, H = ______

c. Por lo tanto, G = ______

5. . Si I + I + 30 = 180, ¿qué número es I?

a. Escribe una oración numérica relacionada. Usa J. ______________

b. Entonces, J = ______

c. Por lo tanto, I = ______

Nombre________________________________

Halla el número que cada letra representa. Explica tu razonamiento.

6. Si T + T + T = 180, ¿qué número es T? Explica tu respuesta.

____

7. Si L + L + L + L = 360, ¿qué número es L? Explica tu respuesta.

____

8. Si 56 + M + M = 180, ¿qué número es M? Explica tu respuesta.

____

9. Si 180 – (N + N) = 74, ¿qué número es N? Explica tu respuesta.

____

10. Si 180 – (P + P) = 142, ¿qué número es P? Explica tu respuesta.

____

11. Si Q + Q + Q + 225 = 360, ¿qué número es Q? Explica tu respuesta.

____

12. Si 273 + R + R + R = 360, ¿qué número es R? Explica tu respuesta.

____

Nombre____

CAPÍTULO 11 ¡Tú puedes!

Sentido de la medición

Cuando mides un segmento de recta con una regla, no hace falta que midas desde el extremo izquierdo de la regla. En los ejercicios siguientes, usa la parte de la regla de unidades angloamericanas sobre la que está el segmento de recta para medir la longitud de éste.

1.

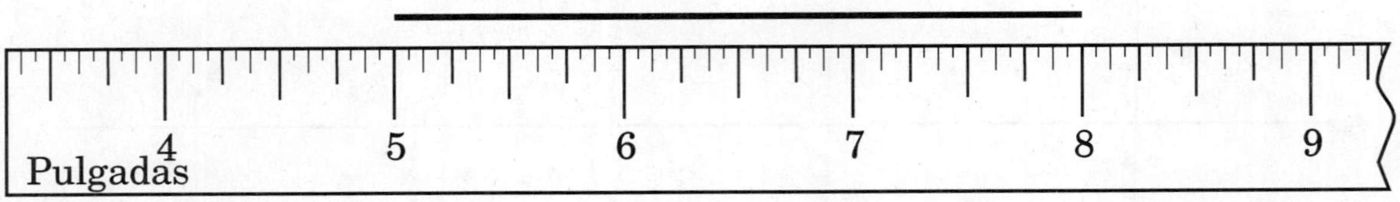

__________ pulgadas

2.

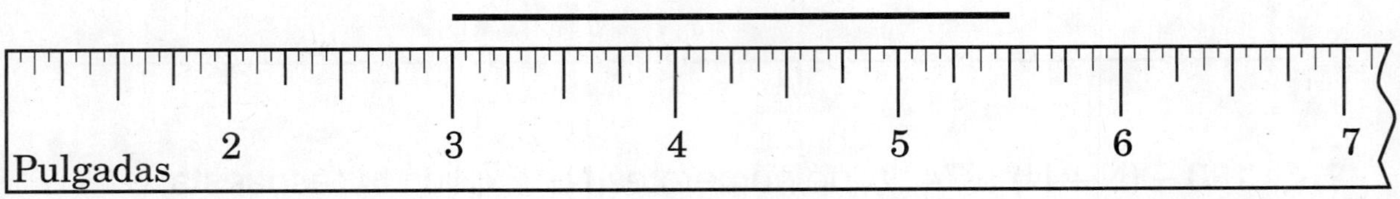

__________ pulgadas

3.

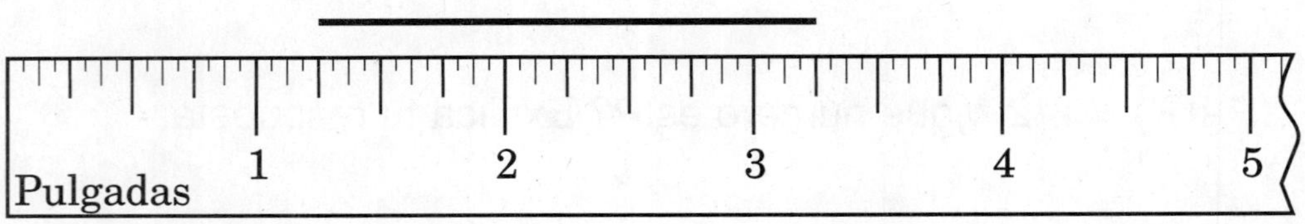

__________ pulgadas

4.

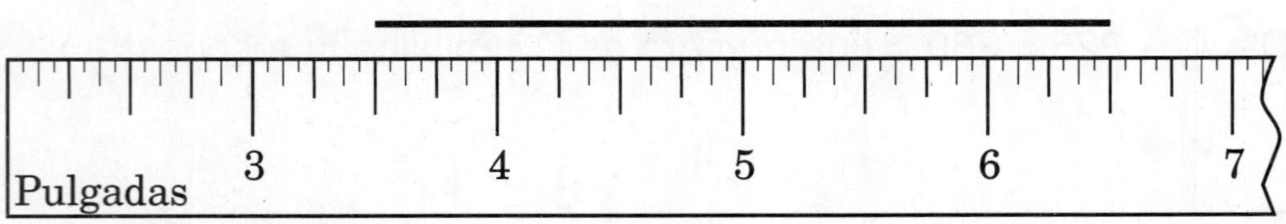

__________ pulgadas

5.

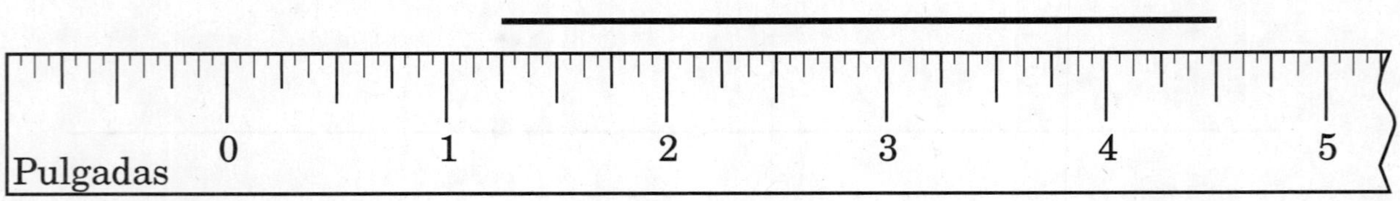

__________ pulgadas

Nombre____

Usa la parte de la regla métrica sobre la que está el segmento de recta para medir la longitud de éste.

6.

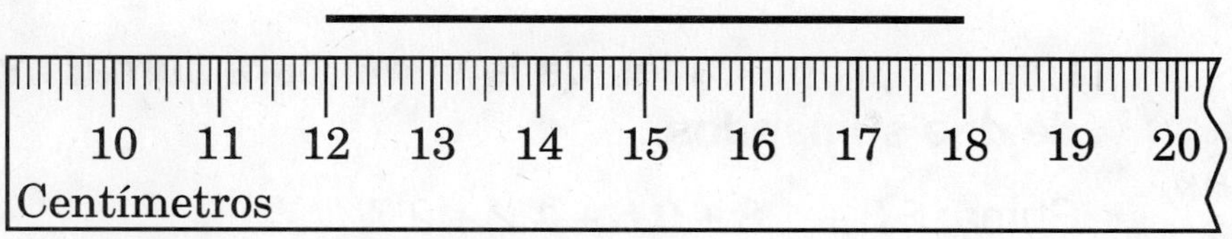

__________ centímetros

7.

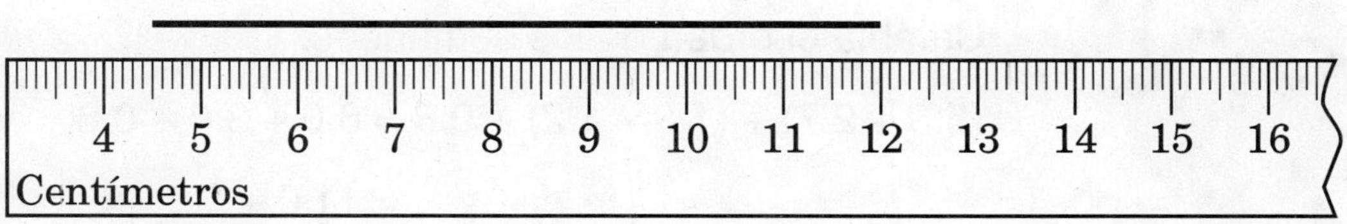

__________ centímetros

Usa las reglas para dibujar los segmentos de recta.

8. Dibuja un segmento de recta de $3\frac{1}{4}$ pulgadas de longitud.

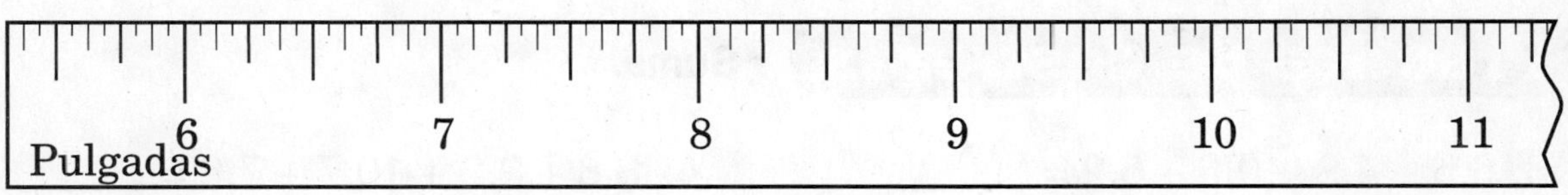

9. Dibuja un segmento de recta de $9\frac{1}{2}$ centímetros de longitud.

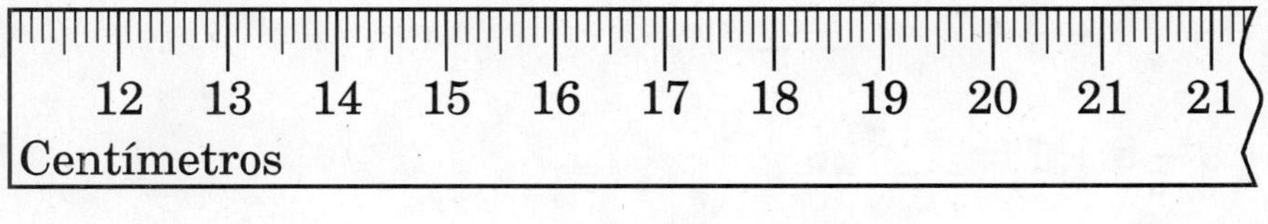

Nombre ____

Más de dos sumandos

Aprende

Usa las propiedades de la suma para sumar más de dos sumandos.

Suma: 5.3 + 1.8 + 0.6 + 1.2 + 2.7

Es más fácil resolver la suma si buscas el modo de calcular mentalmente. Acuérdate de alinear el punto decimal cuando sumes decimales.

Cambia el orden de los sumandos:

(5.3 + 2.7) + (1.8 + 1.2) + 0.6 = 8.0 + 3.0 + 0.6

= 11.0 + 0.6

= 11.6

Inténtalo • Suma.

1. 3.3 + 16.4 + 2.7 = (3.3 + 2.7) + 16.4 = _____ + 16.4 = _____

2. 0.3 + 4.3 + 7.7 + 2.9 = (7.7 + 4.3) + (0.3 + 2.9) = _____ + _____ = _____

Práctica de destrezas • Suma.

3. 6.5 + 4.9 + 0.6 + 5.2 = _____

4. 3.8 + 2.2 + 10.7 + 7.6 = _____

5. 8.3 + 4.6 + 5.4 + 7.7 = _____

6. 2.4 + 10.5 + 0.3 + 1.9 = _____

7. 6.1 + 6.4 + 7.9 + 0.6 = _____

8. 0.9 + 6.7 + 4.5 + 8.3 = _____

9. 14.2 + 2.9 + 9.8 + 5.7 = _____

10. 1.8 + 6.2 + 4.3 + 11.5 + 6 = _____

11. 4 + 12 + 6 + 3 + 9 + 11 + 2 + 7 = _____

12. 3 + 12 + 10 + 8 + 9 + 5 + 1 = _____

13. 15 + 4 + 3 + 6 + 8 + 11 + 7 + 5 = _____

14. 3 + 5 + 8 + 7 + 2 + 9 + 13 + 3 = _____

Nombre ______________________________

CAPÍTULO 12

Destrezas en acción

Usa una fórmula

Aprende

Para usar una fórmula, sustituye la variable conocida por su valor en la fórmula y resuelve.

Recuerda que si no hay signo entre un número y una variable en una fórmula, la operación que debes usar es la multiplicación.

Calcula H si $w = 15$ y $H = 1/3w$.

Escribe la ecuación: $H = 1/3w$

Sustituye w por 15 en la ecuación: $H = 1/3 \times 15$

Resuelve: $H = 15/3 = 5$

Inténtalo • Resuelve.

1. $A = 11m$ Calcula A si $m = 7$. $A = 11 \times 7 =$ _____

2. $B = \frac{1}{4}c$ Calcula B si $c = 8$. $B = \frac{1}{4} \times 8 = \frac{8}{4} =$ _____

3. $Y = 30n$ Calcula Y si $n = 2$. $Y = 30 \times 2 =$ _____

4. $D = 9f$ Calcula D si $f = \frac{1}{3}$. $D = 9 \times \frac{1}{3} = \frac{9}{3} =$ _____

Práctica de destrezas • Resuelve.

5. $T = 1.3h$ Calcula T si $h = 4$. _____

6. $R = \frac{2}{3}b$ Calcula R si $b = 9$. _____

7. $C = 16j$ Calcula C si $j = \frac{1}{2}$. _____

8. $F = 3.4r$ Calcula F si $r = 3$. _____

9. $M = 5a$ Calcula M if $a = \frac{3}{5}$. _____

Nombre____

CAPÍTULO 12

Destrezas en acción

Multiplica fracciones y números enteros

Aprende

¿Qué puedo hacer?
Quiero multiplicar una fracción unitaria y un número entero.

Para multiplicar una fracción y un número entero, escribe el número entero como una fracción impropia. Luego, multiplica las fracciones. Escribe el producto en su mínima expresión.

$$\frac{1}{8} \times 32 = \frac{1}{8} \times \frac{32}{1} = \frac{1 \times 32}{8 \times 1} = \frac{32}{8} = 4$$

Inténtalo • Multiplica y simplifica.

1. $\frac{1}{3} \times 9 = \frac{1}{3} \times \frac{9}{1} = \frac{1 \times 9}{3 \times 1} = \frac{9}{3} =$ ______

2. $\frac{1}{8} \times 48 = \frac{1}{8} \times \frac{48}{1} = \frac{1 \times 48}{8 \times 1} = \frac{48}{8} =$ ______

3. $\frac{1}{6} \times 18 = \frac{1}{6} \times \frac{18}{1} =$ ______

4. $\frac{1}{5} \times 20 = \frac{1}{5} \times \frac{20}{1} =$ ______

Práctica de destrezas • Resuelve.

5. $\frac{1}{7} \times 35 =$ ______
6. $\frac{1}{4} \times 28 =$ ______
7. $\frac{1}{9} \times 27 =$ ______
8. $\frac{1}{3} \times 30 =$ ______
9. $\frac{1}{5} \times 50 =$ ______
10. $\frac{1}{2} \times 22 =$ ______
11. $\frac{1}{5} \times 35 =$ ______
12. $\frac{1}{6} \times 54 =$ ______
13. $\frac{1}{7} \times 14 =$ ______
14. $\frac{1}{4} \times 20 =$ ______
15. $\frac{1}{8} \times 24 =$ ______
16. $\frac{1}{2} \times 10 =$ ______

Nombre____

CAPÍTULO 12

Destrezas en acción

Evalúa expresiones

Aprende

Para evaluar una expresión, sustituye la variable por su valor y resuelve.

Cuando la variable está elevada al cuadrado, el número que la sustituye también debe estar elevado al cuadrado. Recuerda: para elevar un número al cuadrado hay que multiplicarlo por sí mismo. Por lo tanto $5^2 = 5 \times 5 = 25$.

Evalúa $9h^2$ para $h = 6$.

Escribe la expresión: $9h^2$

Sustituye h por 6 en la expresión: 9×6^2

Calcula: $9 \times 6 \times 6 = 9 \times 36 = 324$

Inténtalo

• **Completa para evaluar las expresiones.**

1. Si $b = 3$, calcula $5b^2$ Piensa: $5 \times 3^2 = 5 \times 3 \times 3 =$ ________

2. Si $f = 4$, calcula $6f^2$ Piensa: $6 \times 4^2 = 6 \times 4 \times 4 =$ ________

3. Si $d = 8$, calcula $3d^2$ Piensa: $3 \times 8^2 =$ ________

4. Si $c = 10$, calcula $9c^2$ Piensa: $9 \times 10^2 =$ ________

Práctica de destrezas

• **Evalúa.**

5. $8t^2$ para $t = 9$ ________ **6.** $4h^2$ para $h = 8$ ________ **7.** $7j^2$ para $j = 7$ ________

8. $12a^2$ para $a = 3$ ________ **9.** $10x^2$ para $x = 5$ ________ **10.** $2g^2$ para $g = 9$ ________

11. $5y^2$ para $y = 6$ ________ **12.** $3f^2$ para $f = 10$ ________ **13.** $9d^2$ para $d = 4$ ________

14. $6t^2$ para $t = 8$ ________ **15.** $4k^2$ para $k = 11$ ________ **16.** $8b^2$ para $b = 7$ ________

Nombre ____________________

Identifica figuras tridimensionales

CAPÍTULO 12
Destrezas en acción

Aprende

Todas estas figuras son tridimensionales.

¿Qué puedo hacer?
Quiero identificar una figura tridimensional.

Cubo

Prisma rectangular

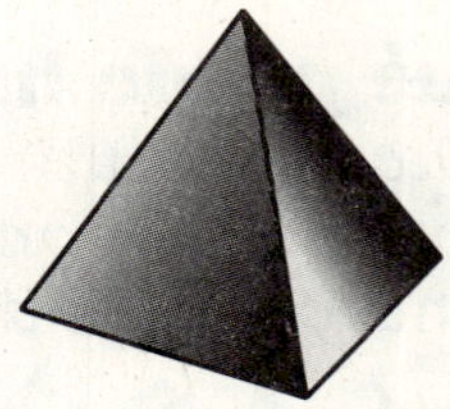
Pirámide triangular

Esfera

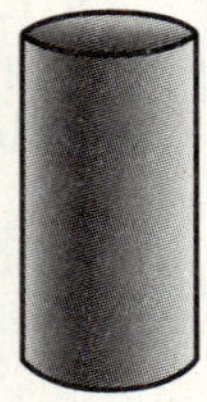
Cilindro

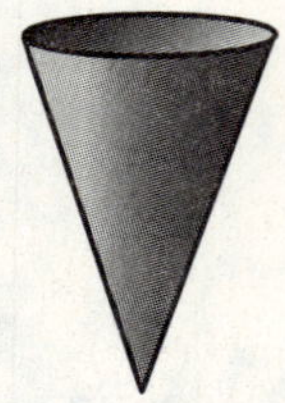
Cono

Inténtalo

• **Observa las figuras de arriba para identificar las siguientes.**

1. 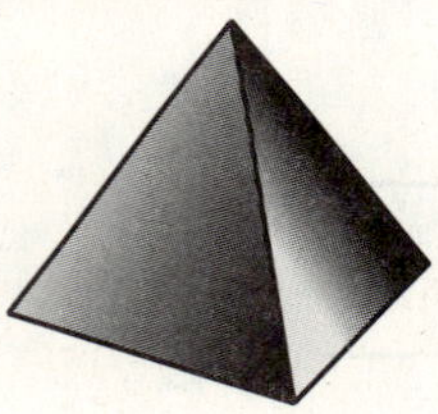
____

2. 
____

3. 
____

Práctica de destrezas

• **Identifica las figuras.**

4. 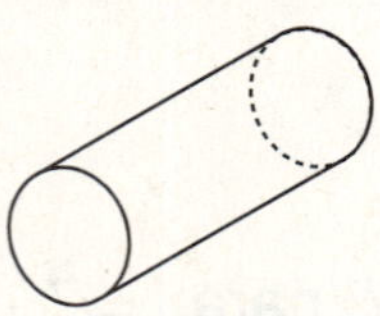
____

5. 
____

6. 
____

7. 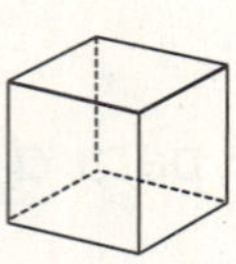
____

8. 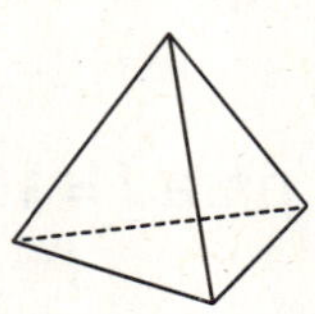
____

9. 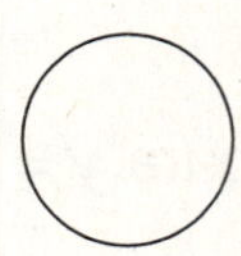
____

Nombre____

CAPÍTULO 12
Destrezas en acción

Multiplica decimales

Aprende

¿Qué puedo hacer?
Quiero multiplicar un decimal por un número entero.

Para multiplicar un decimal y un número entero, multiplica como si fueran números enteros. Luego, cuenta el número de posiciones decimales en el factor decimal. Coloca un punto decimal en el producto de modo que éste tenga el mismo número de posiciones decimales que el factor. Cuenta el número de posiciones de derecha a izquierda en el producto para poner el punto decimal.

Multiplica: 3.09×7

$$\begin{array}{r} 3.09 \\ \times \quad 7 \\ \hline 2163 \end{array}$$

← Hay 2 posiciones decimales.

Cuenta dos posiciones de derecha a izquierda para poner el punto decimal en el producto. →

$$\begin{array}{r} 3.09 \\ \times \quad 7 \\ \hline 21.63 \end{array}$$

Inténtalo

• Coloca el punto decimal en los productos.

1. $3.3 \times 7 = 2\ 3.1$

2. $2.01 \times 4 = 8.0\ 4$

3. $6.2 \times 2 = 1\ 2.4$

4. $5.6 \times 6 = 3\ 3.6$

5. $0.35 \times 8 = 2.8\ 0$

6. $12.5 \times 3 = 3\ 7.5$

7. $1.96 \times 4 = 7.8\ 4$

8. $4.7 \times 9 = 4\ 2.3$

9. $7.3 \times 5 = 3\ 6.5$

Práctica de destrezas

• Multiplica.

10. $7.12 \times 2 =$ ________

11. $3.8 \times 8 =$ ________

12. $10.6 \times 5 =$ ________

13. $6.6\ 4 \times 8 =$ ________

14. $4.7 \times 9 =$ ________

15. $0.75 \times 6 =$ ________

16. $5.1 \times 7 =$ ________

17. $2.9 \times 4 =$ ________

18. $9.07 \times 3 =$ ________

19. $7.4 \times 6 =$ ________

Nombre ______________________________

CAPÍTULO 12

Destrezas en acción

Más de dos factores

Aprende

Para multiplicar más de dos factores, usa las propiedades de la multiplicación.

Propiedad conmutativa: 5 x 3 = 3 x 5

Propiedad asociativa:
9 x (3 x 2) = (9 x 3) x 2

Multiplica: $2 \times 9 \times 5$

$2 \times 9 \times 5 = 2 \times (5 \times 9)$ ← Cambia el orden de los factores.

$= (2 \times 5) \times 9$ ← Agrupa los factores de otra manera.

$= 10 \times 9$ ← Multiplica primero dentro del paréntesis.

$= 90$ ← Obtén el producto.

Por lo tanto, $2 \times 9 \times 5 = 90$.

Inténtalo

• **Multiplica.**

1. $4 \times 7 \times 5 = (4 \times 5) \times 7 =$ ________ $\times 7 =$ ________

2. $10 \times 6 \times 2 = (10 \times 6) \times 2 =$ ________ $\times 2 =$ ________

3. $8 \times 2 \times 4 = 8 \times (2 \times 4) = 8 \times$ ________ $=$ ________

4. $7 \times 12 \times 5 = 7 \times (12 \times 5) = 7 \times$ ________ $=$ ________

5. $2 \times 9 \times 30 = (2 \times 30) \times 9 =$ ________ $\times 9 =$ ________

6. $5 \times 10 \times 8 = 10 \times (5 \times 8) = 10 \times$ ________ $=$ ________

7. $15 \times 2 \times 6 = (15 \times 2) \times 6 =$ ________ $\times 6 =$ ________

8. $20 \times 4 \times 4 = (20 \times 4) \times 4 =$ ________ $\times 4 =$ ________

9. $30 \times 5 \times 10 = 30 \times (5 \times 10) = 30 \times$ ________ $=$ ________

Nombre________________________________

CAPÍTULO 12

Destrezas en acción

Práctica de destrezas • Multiplica.

10. $7 \times 20 \times 6 =$ ______

11. $25 \times 4 \times 2 =$ ______

12. $6 \times 30 \times 50 =$ ______

13. $10 \times 8 \times 40 =$ ______

14. $7 \times 7 \times 60 =$ ______

15. $10 \times 11 \times 20 =$ ______

16. $60 \times 9 \times 30 =$ ______

17. $80 \times 50 \times 4 =$ ______

18. $20 \times 50 \times 40 =$ ______

19. $30 \times 30 \times 70 =$ ______

20. $20 \times 5 \times 30 =$ ______

21. $5 \times 50 \times 8 =$ ______

22. $50 \times 0 \times 100 =$ ______

23. $100 \times 3 \times 2 =$ ______

24. $900 \times 2 \times 1 =$ ______

25. $4 \times 50 \times 10 =$ ______

26. $30 \times 50 \times 2 =$ ______

27. $80 \times 95 \times 0 =$ ______

28. $25 \times 6 \times 4 =$ ______

Aprende en la escuela y en el hogar

Múltiples multiplicaciones

Preparen un juego de tarjetas escribiendo en ellas los números del 0 al 10 de manera consecutiva tres veces (tendrán 33 tarjetas). Cada jugador necesita papel y lápiz.

- Barajen las tarjetas y colóquenlas boca abajo en tres pilas.
- Cada jugador elige una tarjeta de cada pila y la coloca boca arriba. Los jugadores calculan el producto de sus números y lo anotan en su papel. Cada jugador debe revisar las operaciones de los demás. Si un jugador comete un error, no anota ese producto.
- Repitan hasta que usen todas las tarjetas.
- Sumen sus productos para hallar el total. Gana el jugador con la suma mayor.

Nombre____

CAPÍTULO 12 ¡Tú puedes!

Fórmulas sin fin

Puedes evaluar fórmulas con más de una variable. Sustituye cada variable por su valor para evaluar la fórmula.

1. Usa la fórmula $K = mn$. Calcula K para cada uno de los valores.

a. $m = 5$ y $n = 8$ $K =$ ________

b. $m = \frac{1}{2}$ y $n = 6$ $K =$ ________

c. $m = \frac{1}{3}$ y $n = 9$ $K =$ ________

d. $m = 40$ y $n = \frac{1}{8}$ $K =$ ________

2. Usa la fórmula $D = 3rt$. Calcula D para cada uno de los valores.

a. $r = 4$ y $t = 7$ $D =$ ________

b. $r = 5$ y $t = 80$ $D =$ ________

c. $r = \frac{1}{3}$ y $t = 4$ $D =$ ________

d. $r = \frac{1}{6}$ y $t = 12$ $D =$ ________

3. Usa la fórmula $W = \frac{1}{6}bg$. Calcula W para cada uno de los valores.

a. $b = 12$ y $g = 5$ $W =$ ________

b. $b = 3$ y $g = 36$ $W =$ ________

c. $b = 6$ y $g = 9$ $W =$ ________

4. Usa la fórmula $N = \frac{1}{8}qs$. Calcula N para cada uno de los valores.

a. $q = 6$ y $s = 8$ $N =$ ________

b. $q = 16$ y $s = 2$ $N =$ ________

c. $q = 2$ y $s = 32$ $N =$ ________

Nombre ____________________

CAPÍTULO 12 ¡Tú puedes!

Evalúa las fórmulas para los valores dados de las variables.

5. $J = k + k + k + k$

a. Calcula J si $k = 7$. ________

b. Calcula J si $k = 5.8$. ________

c. Calcula J si $k = \frac{1}{2}$. ________

d. Calcula J si $k = 0.4$. ________

e. Calcula J si $k = 48$. ________

f. Calcula J si $k = 1.05$. ________

6. $S = m + y + w + 2.9$

a. Calcula S si $m = 6$, $y = 38$ y $w = 7.6$. ________

b. Calcula S si $m = 2.4$, $y = 6.3$ y $w = 1.7$. ________

7. $L = a + b - c$

a. Calcula L si $a = 46$, $b = 39$ y $c = 15$. ________

b. Calcula L si $a = 7.9$, $b = 8.4$ y $c = 2.1$. ________

8. $R = 4g^2$

a. Calcula R si $g = 2$. ________

b. Calcula R si $g = 5$. ________

c. Calcula R si $g = 8$. ________

d. Calcula R si $g = 6$. ________

9. $P = 3bc^2$

a. Calcula P si $b = 2$ y $c = 4$. ________

b. Calcula P si $b = 6$ y $c = 5$. ________

10. $C = a^2 + b^2$

a. Calcula C si $a = 3$ y $b = 4$. ________

b. Calcula C si $a = 5$ y $b = 8$. ________

Nombre________________________________

CAPÍTULO 12 ¡Tú puedes!

Sentido de la multiplicación

Puedes multiplicar tres factores cualesquiera. Calcula mentalmente y usa las propiedades de la multiplicación para hallar los productos.

1. $9 \times 6 \times \frac{1}{3}$ ________

2. $8 \times \frac{1}{2} \times 4$ ________

3. $6 \times \frac{1}{12} \times 4$ ________

4. $10 \times 2 \times \frac{1}{5}$ ________

5. $16 \times \frac{1}{4} \times \frac{1}{2}$ ________

6. $7 \times 14 \times \frac{1}{7}$ ________

7. $\frac{1}{3} \times 5 \times 15$ ________

8. $\frac{1}{9} \times 18 \times 2$ ________

9. $\frac{1}{6} \times \frac{1}{3} \times 18$ ________

10. $20 \times \frac{1}{5} \times \frac{1}{2}$ ________

11. $24 \times 6 \times \frac{1}{8}$ ________

12. $9 \times 16 \times \frac{1}{8}$ ________

13. $25 \times 7 \times \frac{1}{5}$ ________

14. $\frac{1}{10} \times 8 \times 5$ ________

Puedes multiplicar más de tres factores. Halla los productos. Usa las propiedades de la multiplicación para simplificar las operaciones.

15. $2 \times 3 \times 5 \times 4$ ________

16. $8 \times 6 \times \frac{1}{2} \times 2$ ________

17. $7 \times 6 \times 5 \times 4 \times \frac{1}{5}$ ________

18. $12 \times 18 \times 62 \times 0 \times 4$ ________

19. $\frac{1}{3} \times \frac{1}{4} \times 8 \times 6$ ________

20. $10 \times \frac{1}{5} \times 8 \times 9 \times \frac{1}{3}$ ________

21. $1 \times 6 \times 7 \times 1 \times 2 \times \frac{1}{6}$ ________

22. $\frac{1}{12} \times 3 \times 4 \times 2 \times 3$ ________

23. $5 \times 9 \times 6 \times \frac{1}{30} \times 3$ ________

24. $100 \times 6 \times \frac{1}{10} \times \frac{1}{3} \times \frac{1}{5}$ ________

Nombre ______________________________

Calcula mentalmente y usa las propiedades de la multiplicación para hallar el factor que falta en las oraciones numéricas.

25. Si 3 x *A* x 5 = 45, ¿qué número es *A*? Explica tu respuesta.

____

26. Si 6 x 2 x *B* = 36, ¿qué número es *B*? Explica tu respuesta.

____

27. Si *C* x *C* x 5 = 20, ¿qué número es *C*? Explica tu respuesta.

____

28. Usa los valores de *A*, *B* y *C* que hallaste para calcular *A* x *B* x *C*.

____

29. Si *D* x 5 x 2 = 80, ¿qué número es *D*? Explica tu respuesta.

____

30. Si $\frac{1}{6}$ x *E* x 6 = 12, ¿qué número es *E*? Explica tu respuesta.

____

31. Si $\frac{1}{5}$ x 25 x *F* = 10, ¿qué número es *F*? Explica tu respuesta.

____

32. Usa los valores de *E* y *F* para calcular *E* x $\frac{1}{3}$ x *F*.

____

Escribe una oración numérica parecida a las de arriba en la que falte un factor. Explica cómo hiciste para obtener una oración numérica verdadera.

33. ______________________________

Nombre ______________________________

Mínimo común denominador (mcd)

CAPÍTULO 13

Destrezas en acción

Aprende

¿Qué puedo hacer?
Quiero hallar el mínimo común denominador de dos fracciones.

El mínimo común denominador (mcd) de dos fracciones es el mínimo común múltiplo (mcm) de los denominadores.

Para hallar el mcd de $\frac{7}{8}$ y $\frac{5}{12}$, escribe algunos múltiplos de cada denominador.

8: 8, 16, 24, 32, 48   12: 12, 24, 48

Los múltiplos comunes de ambos denominadores son 24 y 48. El menor de ellos es el mínimo común múltiplo. El mcm de 8 y 12 es 24.
Por lo tanto, el mcd de $\frac{7}{8}$ y $\frac{5}{12}$ es 24.

A veces, el mcd es el producto de los denominadores. Halla el mcd de $\frac{1}{3}$ y $\frac{4}{7}$. Escribe múltiplos de cada número.

3: 3, 6, 9, 12, 15, 18, 21, 24. . .   7: 7, 14, 21. . .

El mcm de 3 y 7 es 21. Por lo tanto, el mcd de $\frac{1}{3}$ y $\frac{4}{7}$ es 21.

A veces, el mcd es uno de los denominadores. El mcd de $\frac{3}{4}$ y $\frac{5}{36}$ es 36, porque 36 es el mcm de 4 y 36.

Inténtalo

• Completa para hallar el mcm de los pares de números.

1. 3 y 5   Múltiplos de 3: 3, 6, ______, ______, ______
Múltiplos de 5: 5, 10, ______, ______, ______

mcm: ______

2. 6 y 8   Múltiplos de 6: 6, 12, ______, ______
Múltiplos de 8: 8, ______, ______

mcm: ______

Nombre ______________________________

Completa para hallar el mcd.

3. $\frac{2}{3}$ y $\frac{5}{6}$ Múltiplos de 3: ______
Múltiplos de 6: ______

mcd: ______

4. $\frac{1}{2}$ y $\frac{3}{5}$ Múltiplos de 2: __________
Múltiplos de 5: ______

mcd: ______

Práctica de destrezas • Halla el mcd.

5. $\frac{1}{4}$ y $\frac{1}{6}$ ______ **6.** $\frac{1}{9}$ y $\frac{1}{3}$ ______ **7.** $\frac{1}{7}$ y $\frac{1}{4}$ ______

8. $\frac{3}{8}$ y $\frac{1}{6}$ ______ **9.** $\frac{1}{5}$ y $\frac{3}{7}$ ______ **10.** $\frac{1}{6}$ y $\frac{6}{15}$ ______

11. $\frac{1}{4}$ y $\frac{2}{5}$ ______ **12.** $\frac{3}{10}$ y $\frac{1}{6}$ ______ **13.** $\frac{2}{5}$ y $\frac{2}{3}$ ______

14. $\frac{3}{8}$ y $\frac{1}{3}$ ______ **15.** $\frac{1}{9}$ y $\frac{1}{2}$ ______ **16.** $\frac{1}{4}$ y $\frac{5}{9}$ ______

17. $\frac{1}{3}$ y $\frac{3}{4}$ ______ **18.** $\frac{1}{3}$ y $\frac{5}{6}$ ______ **19.** $\frac{1}{4}$ y $\frac{3}{10}$ ______

20. $\frac{3}{5}$ y $\frac{1}{6}$ ______ **21.** $\frac{1}{6}$ y $\frac{3}{7}$ ______ **22.** $\frac{1}{10}$ y $\frac{6}{25}$ ______

23. $\frac{1}{4}$ y $\frac{5}{7}$ ______ **24.** $\frac{3}{9}$ y $\frac{7}{10}$ ______ **25.** $\frac{1}{2}$ y $\frac{2}{5}$ ______

26. $\frac{1}{3}$ y $\frac{1}{12}$ ______ **27.** $\frac{5}{6}$ y $\frac{2}{9}$ ______ **28.** $\frac{1}{9}$ y $\frac{5}{12}$ ______

29. $\frac{3}{8}$ y $\frac{1}{10}$ ______ **30.** $\frac{1}{15}$ y $\frac{5}{12}$ ______ **31.** $\frac{1}{7}$ y $\frac{2}{3}$ ______

32. $\frac{1}{2}$ y $\frac{2}{3}$ ______ **33.** $\frac{1}{8}$ y $\frac{7}{12}$ ______ **34.** $\frac{1}{10}$ y $\frac{11}{15}$ ______

Nombre ____

CAPÍTULO 13

Destrezas en acción

Fracciones equivalentes

Aprende

¿Qué puedo hacer?
Quiero hallar una fracción equivalente.

Para hallar una fracción equivalente, multiplica el numerador y el denominador de una fracción por un mismo número.

Completa: $\frac{2}{7} = \frac{?}{28}$

Piensa: 7 x 4 = 28; por lo tanto, multiplica el numerador por 4 para hallar la fracción equivalente.

$$\frac{2}{7} = \frac{2 \times 4}{7 \times 4} = \frac{8}{28}$$

Inténtalo

• **Completa para hallar las fracciones equivalentes.**

1. $\frac{1}{2} = \frac{?}{18}$ Piensa: $2 \times 9 = 18$
   Multiplica: $1 \times 9 =$ _____
   Por lo tanto: $\frac{1}{2} = \frac{}{18}$

2. $\frac{3}{4} = \frac{?}{32}$ Piensa: $4 \times 8 = 32$
   Multiplica: $3 \times$ _____ $=$ _____
   Por lo tanto: $\frac{3}{4} = \frac{}{32}$

3. $\frac{5}{9} = \frac{?}{36}$ Piensa: $9 \times$ _____ $= 36$
   Multiplica: $5 \times$ _____ $=$ _____
   Por lo tanto: $\frac{5}{9} = \frac{}{36}$

4. $\frac{5}{6} = \frac{?}{24}$ Piensa: $6 \times 4 = 24$
   Multiplica: $5 \times$ _____ $=$ _____
   Por lo tanto: $\frac{5}{6} = \frac{}{24}$

Práctica de destrezas

• **Completa.**

5. $\frac{1}{6} = \frac{}{54}$ 6. $\frac{2}{5} = \frac{}{30}$ 7. $\frac{1}{4} = \frac{}{48}$ 8. $\frac{1}{3} = \frac{}{27}$

9. $\frac{1}{8} = \frac{}{24}$ 10. $\frac{2}{3} = \frac{}{36}$ 11. $\frac{5}{6} = \frac{}{30}$ 12. $\frac{3}{4} = \frac{}{24}$

13. $\frac{3}{5} = \frac{}{60}$ 14. $\frac{3}{8} = \frac{}{48}$ 15. $\frac{1}{6} = \frac{}{42}$ 16. $\frac{2}{9} = \frac{}{54}$

Nombre________________________________

CAPÍTULO 13

Destrezas en acción

Simplifica fracciones impropias

Aprende

Puedes reconocer una fracción impropia porque el numerador es mayor que el denominador.

Para simplificar, divide el numerador entre el denominador:

$\frac{4}{2} = 4 \div 2 = 2$ $\quad$ $\frac{75}{5} = 75 \div 5 = 15$

Inténtalo • Completa para simplificar las fracciones.

1. $\frac{18}{3} = 18 \div 3 =$ ______

2. $\frac{14}{2} = 14 \div 2 =$ ______

3. $\frac{16}{2} = 16 \div$ ______ $=$ ______

4. $\frac{16}{4} = 16 \div$ ______ $=$ ______

5. $\frac{20}{5} =$ ______ $\div$ ______ $=$ ______

6. $\frac{22}{2} =$ ______ $\div$ ______ $=$ ______

Práctica de destrezas • Simplifica.

7. $\frac{24}{6} =$ ______

8. $\frac{32}{4} =$ ______

9. $\frac{30}{3} =$ ______

10. $\frac{27}{9} =$ ______

11. $\frac{28}{4} =$ ______

12. $\frac{25}{5} =$ ______

13. $\frac{28}{2} =$ ______

14. $\frac{12}{3} =$ ______

15. $\frac{30}{15} =$ ______

16. $\frac{36}{3} =$ ______

17. $\frac{34}{2} =$ ______

18. $\frac{36}{6} =$ ______

19. $\frac{72}{4} =$ ______

20. $\frac{33}{3} =$ ______

21. $\frac{81}{9} =$ ______

Nombre______________________________________

Multiplica números enteros y decimales

CAPÍTULO 13
Destrezas en acción

Aprende

Multiplica: 8×0.03.

Para multiplicar un número entero por un decimal:

Multiplica como si fueran números enteros.
Piensa: $8 \times 3 = 24$

Cuenta el número de posiciones decimales en el número decimal. Piensa: En 0.03 hay dos posiciones después del punto decimal.

Coloca el punto decimal en el producto contando el mismo número de posiciones de derecha a izquierda.

Por lo tanto, $8 \times 0.03 = 0.24$.

Inténtalo

• Completa los productos.

1. $2.6 \times 7 = 1\ 8\ 2$ ______

2. $4 \times 0.5 = 2\ 0$ ______

3. $9 \times 0.06 = 5\ 4$ ______

4. $3.14 \times 8 = 2\ 5\ 1\ 2$ ______

5. $2.8 \times 3 = 8\ 4$ ______

6. $10 \times 1.7 = 1\ 7\ 0$ ______

Práctica de destrezas

• Multiplica.

7. $0.9 \times 4 =$ ______

8. $11.2 \times 5 =$ ______

9. $0.43 \times 2 =$ ______

10. $9 \times 2.3 =$ ______

11. $1.09 \times 8 =$ ______

12. $1.65 \times 6 =$ ______

13. $7.3 \times 4 =$ ______

14. $12 \times 0.2 =$ ______

Nombre ____________________

CAPÍTULO 13

Destrezas en acción

Multiplica números enteros y fracciones o números mixtos

Aprende

Para multiplicar un número entero por una fracción, convierte el número entero en una fracción impropia. Luego, multiplica las fracciones.

$9 \times \frac{2}{3} = \frac{9}{1} \times \frac{2}{3}$ ←Escribe el número entero como fracción impropia.

$= \frac{9 \times 2}{1 \times 3}$ ←Multiplica los numeradores. ←Multiplica los denominadores.

$= \frac{18}{3} = 6$ ←Simplifica.

Para multiplicar un número entero por un número mixto, convierte los dos números en fracciones impropias. Luego, multiplica las fracciones.

$6 \times 1\frac{1}{3} = \frac{6}{1} \times \frac{4}{3}$ ←Escribe fracciones impropias.

$= \frac{6 \times 4}{1 \times 3}$ ←Multiplica los numeradores. ←Multiplica los denominadores.

$= \frac{24}{3} = 8$ ←Simplifica.

Inténtalo • Completa para hallar los productos.

1. $8 \times \frac{3}{4} = \frac{8}{1} \times \frac{3}{4} =$ ____

2. $12 \times \frac{5}{6} = \frac{12}{1} \times \frac{5}{6} =$ ____

3. $1\frac{1}{3} \times 9 = \frac{4}{3} \times \frac{9}{1} =$ ____

4. $3\frac{1}{4} \times 8 = \frac{13}{4} \times \frac{8}{1} =$ ____

Práctica de destrezas • Multiplica.

5. $10 \times \frac{3}{5} =$ ____

6. $4\frac{1}{2} \times 4 =$ ____

7. $12 \times \frac{2}{3} =$ ____

8. $2\frac{1}{5} \times 5 =$ ____

9. $24 \times \frac{3}{8} =$ ____

10. $1\frac{2}{3} \times 12 =$ ____

Nombre ______________________________

CAPÍTULO 13
Destrezas en acción

Fracción de un todo

Aprende

¿Qué puedo hacer?
Quiero hallar la fracción que expresa las partes de un todo.

Para identificar la fracción que expresa las partes de un todo, cuenta las partes iguales que hay en el todo. El número de partes iguales es el denominador de la fracción. Luego, cuenta el número de partes sombreadas. Este número es el numerador de la fracción.

¿Qué fracción del rectángulo está sombreada?

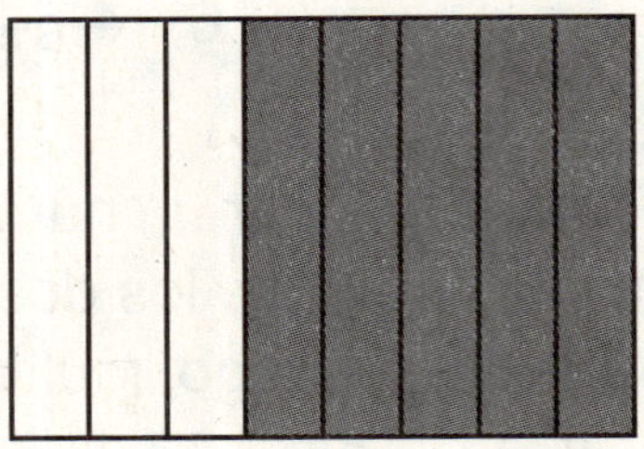

El rectángulo tiene 8 partes iguales. De ellas, 5 están sombreadas. Por lo tanto, $\frac{5}{8}$ del rectángulo están sombreados.

Inténtalo

• **Completa para escribir la fracción correspondiente a la parte sombreada.**

1. 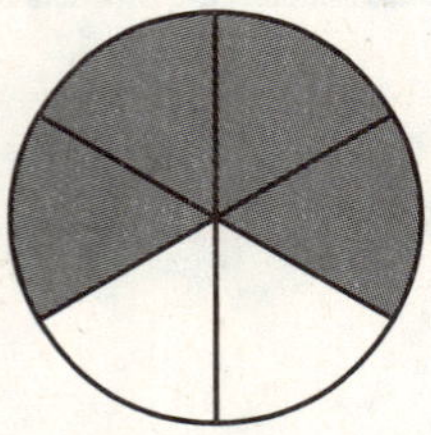 $\frac{}{6}$

2. 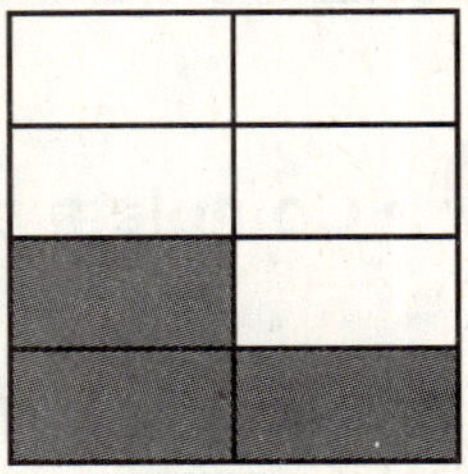 $\frac{}{8}$

3. 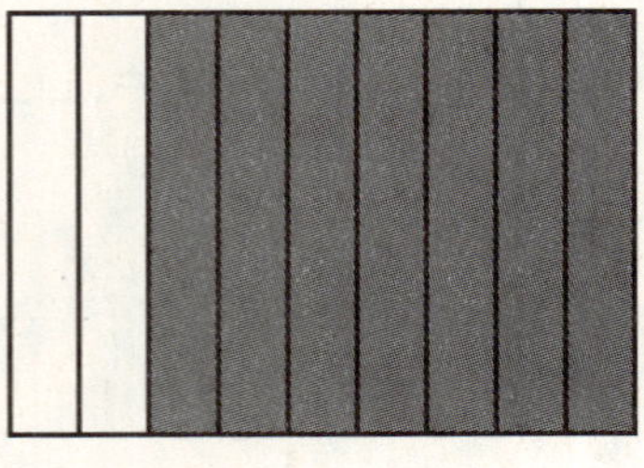 $\frac{}{9}$

4. 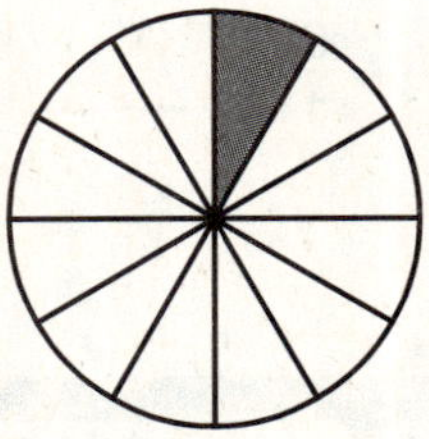 $\frac{}{12}$

5. 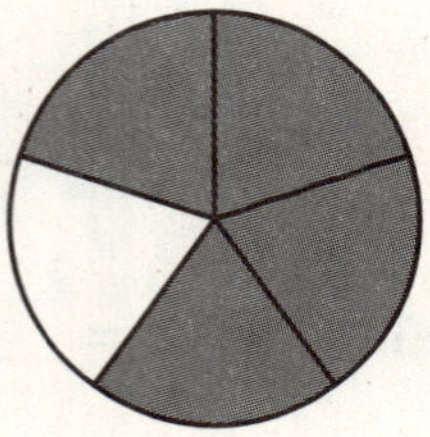 $\frac{}{5}$

6. 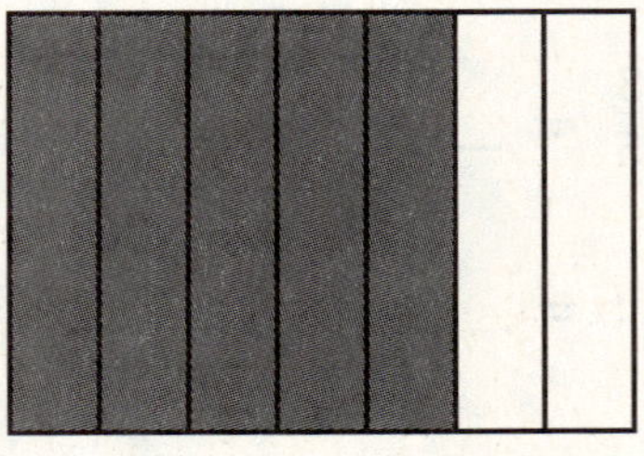 $\frac{}{7}$

Nombre ____________________

Práctica de destrezas

• **Escribe la fracción correspondiente a la parte sombreada.**

7. 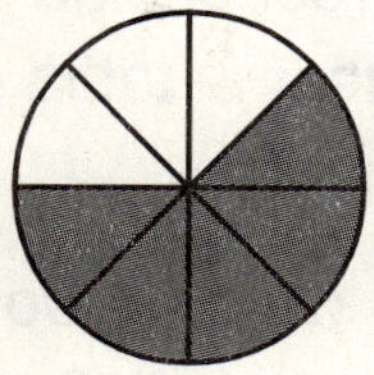 ____

8. 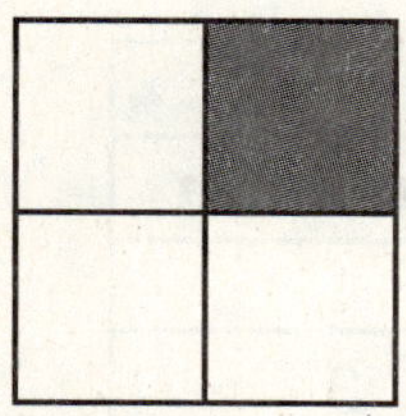 ____

9. 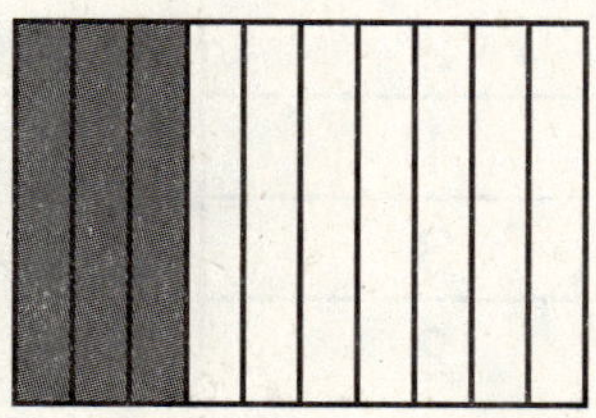 ____

10. 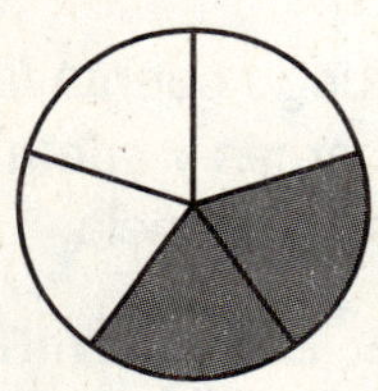 ____

11. 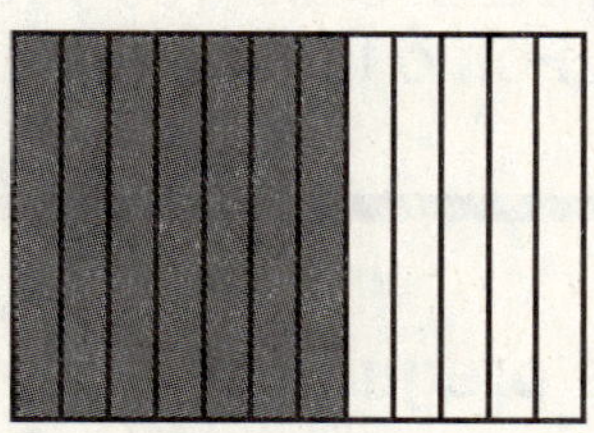 ____

12. 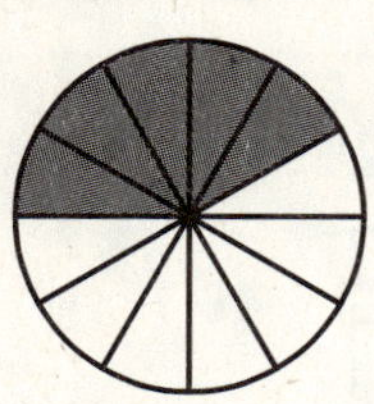 ____

13. 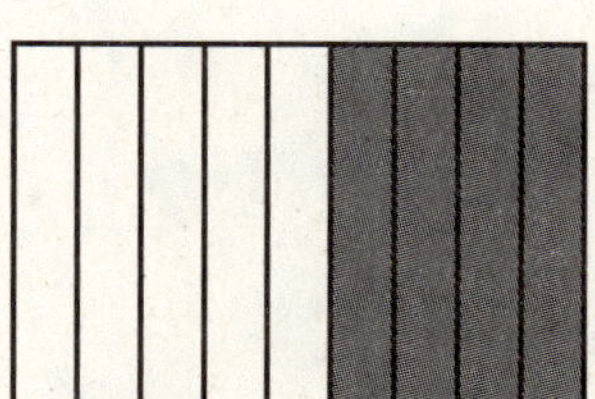 ____

Aprende en la escuela y en el hogar

¡Qué figura!

Cada jugador necesita varias hojas de papel para gráficas y un lápiz o un creyón.

- Cada jugador dibuja un rectángulo o un cuadrado grande en su papel. La figura tendrá entre 10 y 100 cuadrados de igual tamaño.
- Cada uno hace un dibujo dentro de su figura y lo colorea. Pueden dibujar cualquier figura, también letras y números. Deben asegurarse de colorear totalmente los cuadrados iguales que quedan dentro de su dibujo. Deben contar el número de cuadrados coloreados y anotar, en una hoja aparte, la fracción del todo que corresponde al dibujo.
- Deben hacer varios dibujos distintos, con rectángulos o cuadrados grandes con diferente número de partes iguales.
- Los jugadores intercambian hojas y escriben el número de partes iguales correspondientes a los dibujos. Gana el jugador que identifique correctamente más fracciones.

Nombre____

CAPÍTULO 13
Destrezas en acción

Tablas de frecuencias

Aprende

Puedes hacer una tabla de frecuencias para un conjunto de datos. Puedes usar la tabla para comparar los datos.

Los resultados de 12 tiradas de un cubo numerado del 1 al 6 son: 3, 5, 1, 2, 2, 3, 6, 4, 5, 6, 2 y 5.

Resultados de 12 tiradas		
Número	**Conteo**	**Frecuencia**
1	I	1
2	III	3
3	II	2
4	I	1
5	III	3
6	II	2

↑ Primero haz una marca de conteo por cada vez que salió un número.

↑ Luego cuenta las marcas y anota la frecuencia.

¿Qué número ha salido más, 2 ó 6? Mira la columna de "Frecuencia". El 2 salió tres veces y el 6 salió dos veces: 3 > 2. Por lo tanto, 2 salió más veces que 6.

Inténtalo

• Completa la tabla y contesta las preguntas.

1. Anota en la tabla la frecuencia de cada resultado.

Resultados de 20 tiradas de monedas		
Resultado	**Conteo**	**Frecuencia**
Cara	~~IIII~~ II	
Cruz	~~IIII~~ ~~IIII~~ III	

2. ¿Cuál es mayor, el número de caras o el de cruces?

Completa para comparar: ______ > ______

El número de ____________ es mayor.

Nombre ____

Práctica de destrezas • Completa.

3. Completa la tabla con los datos siguientes.
En una bolsa hay azulejos marcados A, B, C y D. Se saca un azulejo 25 veces. Resultados: A, C, A, C, B, D, D, B, D, A, C, C, A, C, B, D, C, C, A, B, A, D, C, D, A.

Resultados de 25 extracciones		
Letra	**Conteo**	**Frecuencia**
A		
B		
C		
D		

4. ¿Qué azulejos se sacaron más, los azulejos A o los azulejos C?
Completa para comparar los dos números. ______ > ______

5. ¿Qué azulejos se sacaron menos, los azulejos A o los azulejos D?
Completa para comparar los dos números. ______ < ______

6. ¿Cuántos azulejos B y C se sacaron en total? ______

7. Completa la tabla con los datos siguientes.
Se hace girar 18 veces una ruleta numerada 1, 2, 3 y 4.
Resultados: 2, 3, 2, 1, 1, 3, 2, 4, 1, 4, 4, 2, 3, 3, 1, 3, 2, 2.

Resultados de 18 giros		
Número	**Conteo**	**Frecuencia**
1		
2		
3		
4		

8. ¿Qué número salió menos, 3 ó 4?
Completa para comparar los dos números. ______ < ______

9. ¿Qué número salió con más frecuencia? ______

Nombre ______________________________

CAPÍTULO 13 ¡Tú puedes!

Sentido de las fracciones

Puedes escribir más de una fracción equivalente a una fracción dada. Escribe tres fracciones equivalentes a cada una de las siguientes fracciones.

1. $\frac{6}{8}$ ______________________________

2. $\frac{10}{12}$ ______________________________

3. $\frac{8}{16}$ ______________________________

4. $\frac{5}{15}$ ______________________________

5. $\frac{6}{10}$ ______________________________

Una fracción puede ser equivalente a otra, aunque no multipliques el numerador y el denominador de una por un mismo número para obtener la otra.
Piensa: $\frac{1}{2} = \frac{3}{6}$ **y** $\frac{1}{2} = \frac{4}{8}$**. Por lo tanto,** $\frac{3}{6} = \frac{4}{8}$**.**
Demuestra que los siguientes pares de fracciones son equivalentes. Usa el razonamiento lógico. Halla una fracción equivalente a ambas fracciones del par.

6. $\frac{8}{12}$ y $\frac{6}{9}$

____

7. $\frac{4}{10}$ y $\frac{6}{15}$

____

8. $\frac{4}{12}$ y $\frac{5}{15}$

____

9. $\frac{10}{14}$ y $\frac{25}{35}$

____

10. $\frac{6}{8}$ y $\frac{9}{12}$

____

Nombre ______

Halla el número entero que cada letra representa.

11. Si $\frac{32}{A} = 8$, ¿qué número es A? ______

12. Si $\frac{B}{9} = 7$, ¿qué número es B? ______

13. Si $\frac{20}{C} = 2$, ¿qué número es C? ______

14. Si $\frac{45}{D} = 9$, ¿qué número es D? ______

15. Si $\frac{E}{12} = 3$, ¿qué número es E? ______

16. Si $\frac{F}{4} = 4$, ¿qué número es F? ______

Cada una de las siguientes letras representa a un número entero. Halla el valor de la letra que hará verdadera la oración numérica.

17. Si $\frac{1}{2} \times H = 4$, ¿qué número es H? Explica tu respuesta.

______

18. Si $\frac{1}{3} \times J = 3$, ¿qué número es J? Explica tu respuesta.

______

19. Si $\frac{1}{5} \times K = 2$, ¿qué número es K? Explica tu respuesta.

______

20. Si $\frac{3}{8} \times L = 6$, ¿qué número es L? Explica tu respuesta.

______

21. Si $\frac{2}{5} \times M = 6$, ¿qué número es M? Explica tu respuesta.

______

CAPÍTULO 13
¡Tú puedes!

Nombre ____________________

Halla la frecuencia

Escribe abajo el nombre y apellido de ocho personas que conozcas. Puedes escribir tu nombre o el nombre de familiares, amigos, compañeros, personas famosas, etc.

1. ____________________

____

____

____

____

____

____

____

2. Cuenta las vocales en los nombres que has escrito arriba y completa la tabla de frecuencias.

Vocal	Conteo	Frecuencia
A		
E		
I		
O		
U		

Usa la tabla de frecuencias para contestar las siguientes preguntas.

3. ¿Qué vocal aparece con más frecuencia en los nombres? ¿Te parece extraño? Explica tu respuesta.

____

____

4. ¿Qué vocal aparece con menos frecuencia en los nombres? ¿Te parece extraño? Explica tu respuesta.

____

____

5. ¿Qué letras aparecen más en los nombres, A y E o I y U? Explica tu respuesta.

____

Nombre ____

Escribe abajo tres oraciones de un libro que estés leyendo.

6. ____

____

____

____

____

7. Cuenta las vocales en las oraciones de arriba y completa la tabla de frecuencias. ¿Crees que esta tabla será igual, parecida o diferente a la tabla que hiciste con los nombres? Explica tu respuesta.

____

____

Vocal	Conteo	Frecuencia
A		
E		
I		
O		
U		

Usa la tabla de frecuencias para contestar las siguientes preguntas.

8. ¿Qué vocal aparece con más frecuencia en las oraciones? ¿Te parece extraño? Explica tu respuesta.

____

____

9. ¿Qué vocal aparece con menos frecuencia en las oraciones? ¿Te parece extraño? Explica tu respuesta.

____

____

10. Compara los dos conjuntos de datos de las tablas de frecuencias. ¿Qué parecidos y diferencias hay en la distribución de las vocales?

____

____

Nombre____________________________________

CAPÍTULO 14
Destrezas en acción

Razones, fracciones y decimales

Aprende

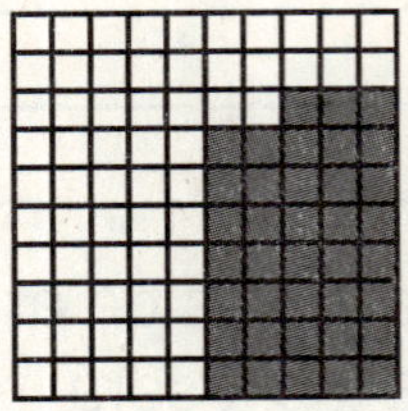

Ésta es una cuadrícula de 10 por 10. Por lo tanto hay 100 cuadrados pequeños en la cuadrícula.

Si cuentas el número de cuadrados sombreados, verás que 38 de los 100 cuadrados están sombreados.

La fracción que representa 38 de 100 es $\frac{38}{100}$ ó $\frac{19}{50}$.

El decimal que representa 38 de 100 es 0.38.

Inténtalo

• **Completa y escribe la fracción y el decimal que representan la parte sombreada en relación con toda la cuadrícula.**

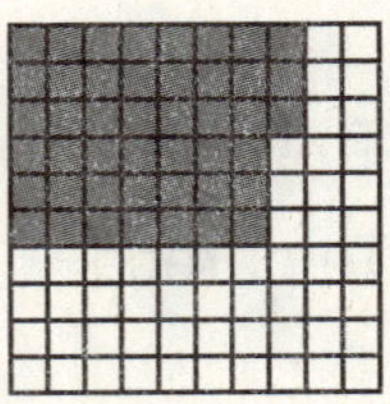

1. Número de cuadrados sombreados: _____

Fracción: $\frac{\quad}{100}$

Decimal: 0._____

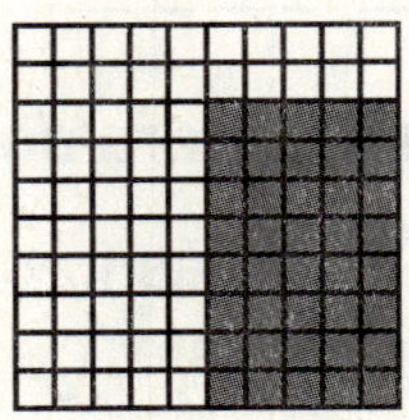

2. Número de cuadrados sombreados: _____

Fracción: $\frac{\quad}{100}$

Decimal: 0._____

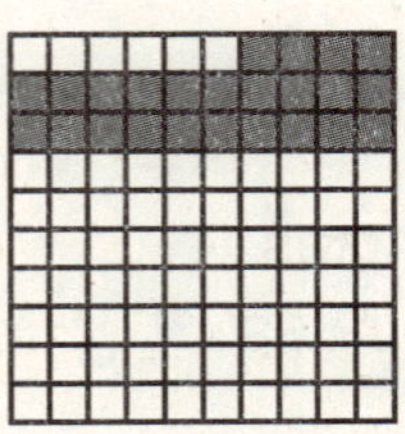

3. Número de cuadrados sombreados: _____

Fracción: $\frac{\quad}{100}$

Decimal: 0._____

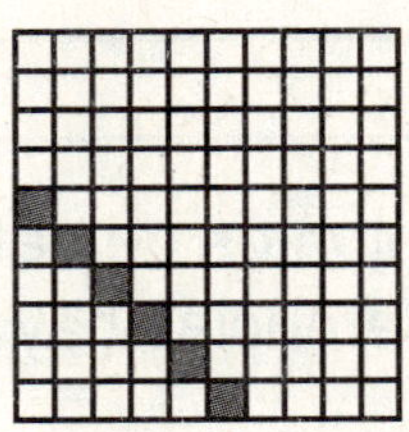

4. Número de cuadrados sombreados: _____

Fracción: $\frac{\quad}{100}$

Decimal: 0._____

Nombre____

Práctica de destrezas • **Escribe una fracción y un decimal que representen la parte sombreada en relación con toda la cuadrícula.**

5. 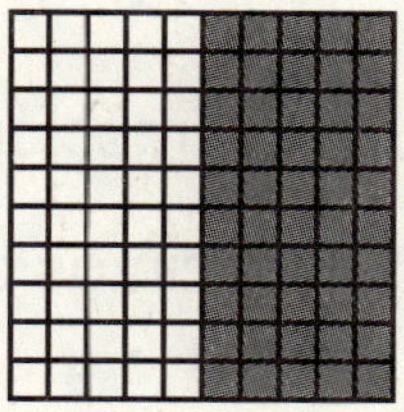 ________

6. 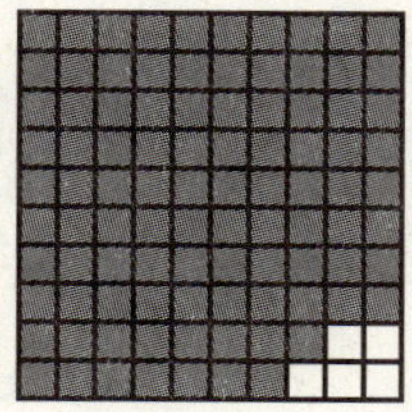 ________

7. 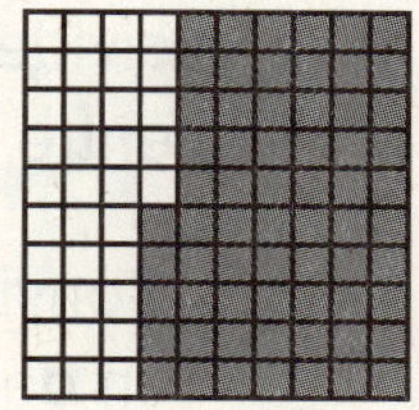 ________

8. 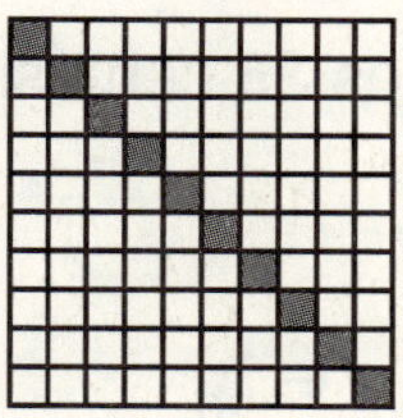 ________

9. 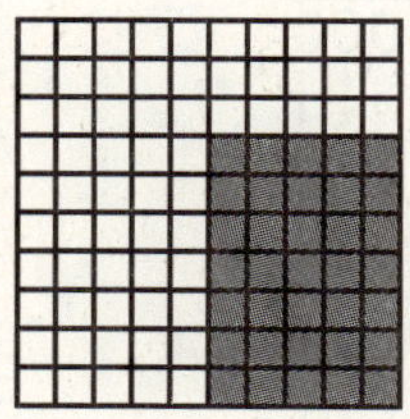 ________

10. 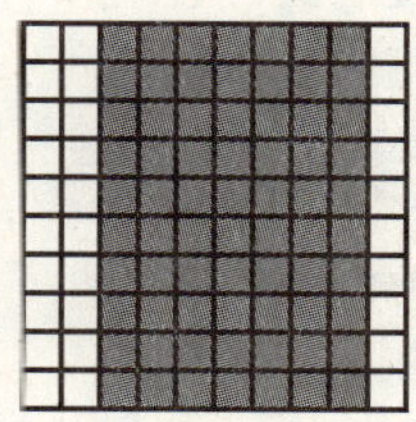 ________

11. 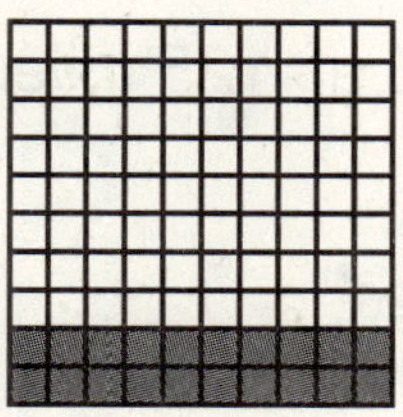 ________

12. 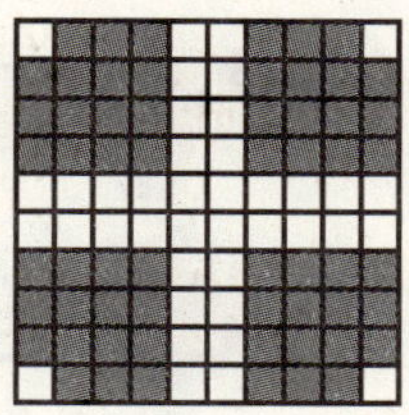 ________

13. 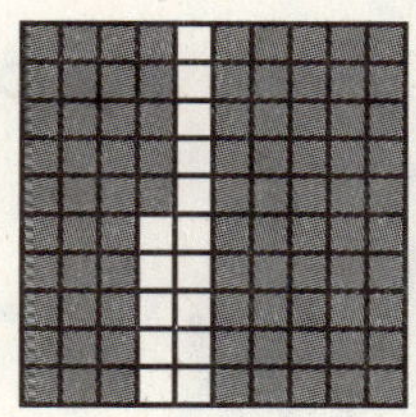 ________

14. 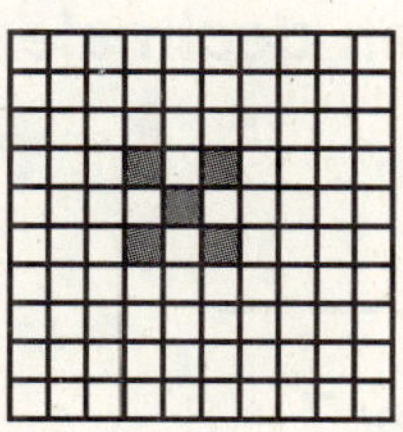 ________

15. 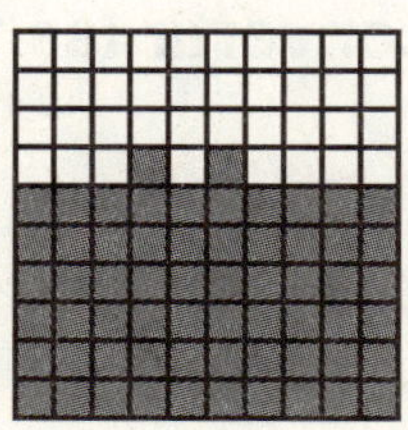 ________

16. 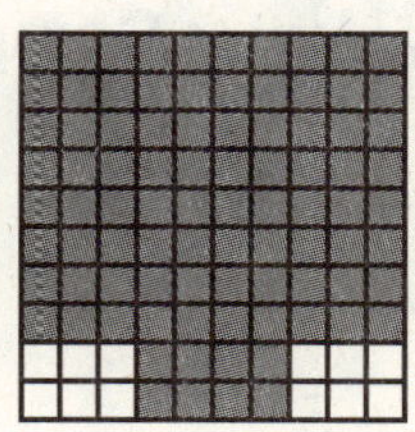 ________

17. 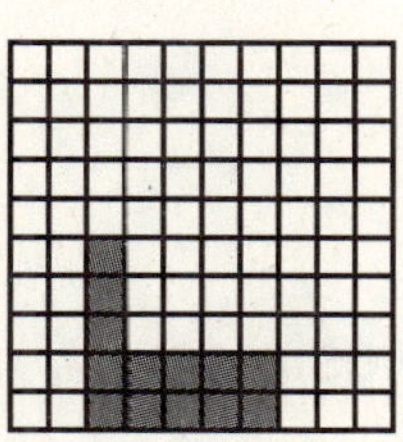 ________

18. 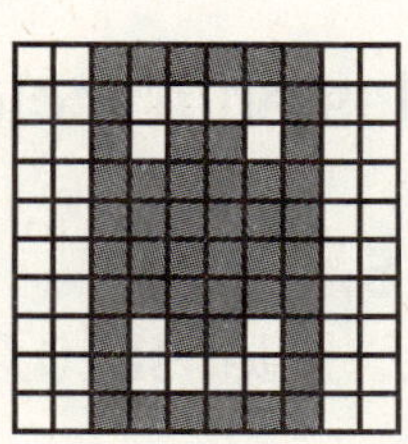 ________

19. 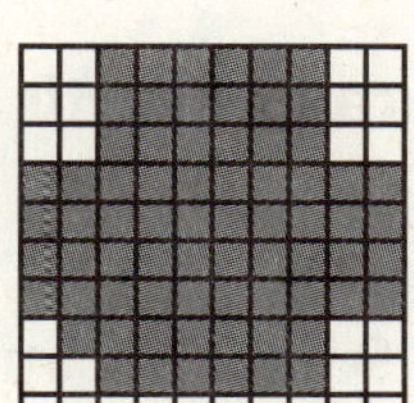 ________

Nombre ____

CAPÍTULO 14

Destrezas en acción

Fracciones y decimales

Aprende

¿Qué puedo hacer?
Quiero convertir una fracción en un decimal o un decimal en una fracción.

Para convertir una fracción en un decimal, divide el denominador entre el numerador.

Convierte $\frac{3}{8}$ en un decimal.

$$\begin{array}{r} 0.375 \\ 8\overline{)3.000} \\ -2\,4 \\ \hline 60 \\ -56 \\ \hline 40 \\ -40 \\ \hline 0 \end{array}$$

Por lo tanto, $\frac{3}{8}$ = 0.375.

Para convertir un decimal en una fracción, usa el valor posicional.

Convierte 0.4 en una fracción.

Piensa: 0.4 es 4 décimos o $\frac{4}{10}$.

Simplifica: $\frac{4}{10} = \frac{2}{5}$.

Convierte 0.35 en una fracción.

Piensa: 0.35 es 35 centésimos o $\frac{35}{100}$.

Simplifica: $\frac{35}{100} = \frac{7}{20}$.

Convierte 0.125 en una fracción.

Piensa: 0.125 es 125 milésimos o $\frac{125}{1000}$.

Simplifica: $\frac{125}{1000} = \frac{1}{8}$.

Inténtalo

• **Completa para convertir las fracciones en decimales.**

1. $\frac{2}{5}$ = ______

Piensa: 2 ÷ 5

$5\overline{)2.0}$

2. $\frac{3}{4}$ = ______

Piensa: 3 ÷ 4

$4\overline{)3.00}$

3. $\frac{7}{8}$ = ______

Piensa: 7 ÷ 8

$8\overline{)7.000}$

Completa para convertir los decimales en fracciones.

4. 0.9
Piensa: 0.9 es 9 décimos.

0.9 = ______

5. 0.25
Piensa: 0.25 es 25 centésimos.

0.25 = ______

Nombre______________________________

Práctica de destrezas

• **Convierte las fracciones en decimales. Redondea al milésimo más cercano si es necesario.**

6. $\frac{4}{5}$ =______ **7.** $\frac{1}{4}$ =______

8. $\frac{1}{10}$ =______ **9.** $\frac{1}{5}$ =______

10. $\frac{2}{3}$ =______ **11.** $\frac{1}{8}$ =______

12. $\frac{3}{5}$ =______ **13.** $\frac{5}{8}$ =______

14. $\frac{9}{10}$ =______ **15.** $\frac{2}{9}$ =______

16. $\frac{1}{2}$ =______ **17.** $\frac{6}{10}$ =______

18. $\frac{1}{3}$ =______ **19.** $\frac{4}{9}$ =______

Convierte los decimales en fracciones.

20. 0.15 =______ **21.** 0.66 =______

22. 0.75 =______ **23.** 0.28 =______

24. 0.5 =______ **25.** 0.55 =______

26. 0.25 =______ **27.** 0.24 =______

28. 0.1 =______ **29.** 0.52 =______

30. 0.3 =______ **31.** 0.35 =______

32. 0.65 =______ **33.** 0.36 =______

34. 0.7 =______ **35.** 0.45 =______

Aprende en la escuela y en el hogar

Números convertibles

Preparen dos juegos de tarjetas, uno con fracciones (por ejemplo $\frac{1}{2}$, $\frac{1}{4}$, $\frac{3}{4}$, $\frac{1}{3}$, $\frac{2}{3}$, $\frac{1}{8}$, etc.) y otro con los decimales equivalentes a las fracciones.

- Coloquen cada juego de tarjetas boca abajo.
- Cada jugador elige una tarjeta de un juego cualquiera. Si el jugador dice correctamente el decimal o la fracción equivalente al que hay en su tarjeta, se queda con ella. Si no, el otro jugador puede decirlo y quedarse con la tarjeta. Si ninguno de los dos jugadores sabe la respuesta, la tarjeta se coloca en la mitad de la pila correspondiente.
- Los jugadores toman otras tarjetas y juegan de nuevo.
- Gana el jugador con más tarjetas al final del juego.

Nombre____

CAPÍTULO 14

Destrezas en acción

Simplifica fracciones

Aprende

¿Qué puedo hacer?
Quiero escribir una fracción en su mínima expresión.

Para escribir una fracción en su mínima expresión, divide el numerador y el denominador entre un factor común.

$\frac{30}{36}$ ←Piensa: Los factores comunes de 30 y 36 son 1, 2, 3 y 6.

$$\frac{30 \div 3}{36 \div 3} = \frac{10}{12} = \frac{10 \div 2}{12 \div 2} = \frac{5}{6}$$

↑ No está en su mínima expresión. ↑ Mínima expresión

Para hallar la mínima expresión de una fracción en un solo paso, usa el máximo común divisor (MCD). El MCD de 30 y 36 es 6.

$$\frac{30 \div 6}{36 \div 6} = \frac{5}{6}$$

Inténtalo

• **Completa para escribir las fracciones en su mínima expresión.**

1. $\frac{18}{27} = \frac{18 \div 9}{27 \div 9} =$ _______
2. $\frac{12}{48} = \frac{12 \div 12}{48 \div 12} =$ _______
3. $\frac{9}{12} = \frac{9 \div 3}{12 \div 3} =$ _______
4. $\frac{6}{10} = \frac{6 \div 2}{10 \div 2} =$ _______

Práctica de destrezas

• **Escribe las fracciones en su mínima expresión.**

5. $\frac{16}{20} =$ _______
6. $\frac{9}{24} =$ _______
7. $\frac{15}{24} =$ _______
8. $\frac{12}{14} =$ _______
9. $\frac{10}{15} =$ _______
10. $\frac{8}{12} =$ _______
11. $\frac{20}{35} =$ _______
12. $\frac{12}{20} =$ _______
13. $\frac{6}{15} =$ _______
14. $\frac{12}{30} =$ _______
15. $\frac{9}{21} =$ _______
16. $\frac{20}{40} =$ _______

Nombre______________________________

CAPÍTULO 14

Destrezas en acción

División

Aprende

Para dividir entre 100, usa patrones de división.

800 ÷ 1 = 800
800 ÷ 10 = 80
800 ÷ 100 = 8

1,200 ÷ 1 = 1,200
1,200 ÷ 10 = 120
1,200 ÷ 100 = 12

3,450 ÷ 1 = 3,450
3,450 ÷ 10 = 345
3,450 ÷ 100 = 34.5

Observa que el punto decimal se mueve una posición hacia la izquierda por cada múltiplo de 10 entre el que se divide.

Inténtalo

• **Completa el patrón para dividir.**

1. 13,000 ÷ 1 = 13,000
13,000 ÷ 10 = 1,300
Por lo tanto, 13,000 ÷ 100 = ______

2. 9,600 ÷ 1 = 9,600
9,600 ÷ 10 = 960
Por lo tanto, 9,600 ÷ 100 = ______

3. 170 ÷ 1 = 170
170 ÷ 10 = 17
Por lo tanto, 170 ÷ 100 = ______

4. 4,380 ÷ 1 = 4,380
4,380 ÷ 10 = 438
Por lo tanto, 4,380 ÷ 100 = ______

Práctica de destrezas

• **Divide.**

5. 410 ÷ 100 =______

6. 6,520 ÷ 100 =______

7. 1,320 ÷ 100 =______

8. 780 ÷ 100 =______

9. 9,200 ÷ 100 =______

10. 660 ÷ 100 =______

11. 390 ÷ 100 =______

12. 7,250 ÷ 100 =______

13. 250 ÷ 100 =______

14. 8,000 ÷ 100 =______

Nombre ____

CAPÍTULO 14
Destrezas en acción

Fracciones impropias y números mixtos

Aprende

Las fracciones impropias tienen por numerador un número igual o mayor que el denominador.

Para convertir una fracción impropia en número mixto:

Divide el numerador entre el denominador.

$\frac{34}{8} = 34 \div 8 = 4 \text{ R2}$

Para escribir el número mixto, escribe el cociente como el número entero. Escribe el residuo sobre el divisor.

$4 \text{ R2} = 4\frac{2}{8} = 4\frac{1}{4}$ ← Simplifica la fracción.

También puedes simplificar antes de dividir. Divide el numerador y el denominador entre el MCD.

$\frac{34}{8} = \frac{34 \div 2}{8 \div 2} = \frac{17}{4}$

Divide el numerador entre el denominador.

$\frac{17}{4} = 17 \div 4 = 4 \text{ R1}$

Para escribir el número mixto, escribe el cociente como el número entero. Escribe el residuo sobre el divisor.

$4 \text{ R1} = 4\frac{1}{4}$

Inténtalo

• **Completa para convertir las fracciones impropias en números mixtos. Redúcelos a su mínima expresión.**

1. $\frac{22}{10} = 22 \div 10 = 2 \text{ R2}$

Por lo tanto $\frac{22}{10} = 2\frac{}{10}$ = ______.

2. $\frac{12}{8} = 12 \div 8 = 1 \text{ R4}$

Por lo tanto, $\frac{12}{8} = 1\frac{}{8}$ = ______.

3. $\frac{16}{5} = 16 \div 5 = 3$ R______

Por lo tanto, $\frac{16}{5}$ = ______.

4. $\frac{15}{6} = 15 \div 6 = 2$ R______

Por lo tanto, $\frac{15}{6}$ = ______.

Nombre ____________________

Completa las divisiones. Luego convierte las fracciones impropias en números mixtos y redúcelos a su mínima expresión.

5. $\frac{34}{6} = 34 \div 6 =$ ______

Por lo tanto, $\frac{34}{6} =$ ______

6. $\frac{11}{5} = 11 \div 5 =$ ______

Por lo tanto, $\frac{11}{5} =$ ______

7. $\frac{21}{4} = 21 \div 4 =$ ______

Por lo tanto, $\frac{21}{4} =$ ______

8. $\frac{17}{2} = 17 \div 2 =$ ______

Por lo tanto, $\frac{17}{2} =$ ______

9. $\frac{35}{15} = 35 \div 15 =$ ______

Por lo tanto, $\frac{35}{15} =$ ______

10. $\frac{26}{3} = 26 \div 3 =$ ______

Por lo tanto, $\frac{26}{3} =$ ______

Práctica de destrezas

• **Convierte las fracciones impropias en números mixtos. Redúcelos a su mínima expresión.**

11. $\frac{14}{6} =$ ______ **12.** $\frac{24}{7} =$ ______ **13.** $\frac{44}{6} =$ ______

14. $\frac{30}{8} =$ ______ **15.** $\frac{25}{3} =$ ______ **16.** $\frac{38}{5} =$ ______

17. $\frac{35}{11} =$ ______ **18.** $\frac{84}{10} =$ ______ **19.** $\frac{18}{4} =$ ______

20. $\frac{52}{12} =$ ______ **21.** $\frac{27}{5} =$ ______ **22.** $\frac{16}{3} =$ ______

23. $\frac{48}{9} =$ ______ **24.** $\frac{39}{6} =$ ______ **25.** $\frac{29}{8} =$ ______

26. $\frac{31}{2} =$ ______ **27.** $\frac{54}{4} =$ ______ **28.** $\frac{18}{7} =$ ______

29. $\frac{65}{8} =$ ______ **30.** $\frac{32}{3} =$ ______ **31.** $\frac{48}{5} =$ ______

Nombre ____

CAPÍTULO 14
Destrezas en acción

Multiplica fracciones

Aprende

Multiplica: $\frac{2}{5} \times \frac{3}{8}$

Multiplica los numeradores.

$$\frac{2}{5} \times \frac{3}{8} = \frac{2 \times 3}{} = \frac{6}{}$$

Multiplica los denominadores.

$$\frac{2}{5} \times \frac{3}{8} = \frac{2 \times 3}{5 \times 8} = \frac{6}{40}$$

Escribe el resultado en su mínima expresión.

$$\frac{6}{40} = \frac{6 \div 2}{40 \div 2} = \frac{3}{20}$$

Inténtalo

• **Completa para hallar los productos. Escribe el resultado en su mínima expresión.**

1. $\frac{1}{4} \times \frac{2}{5} = \frac{1 \times 2}{4 \times 5} =$ ______

2. $\frac{2}{3} \times \frac{1}{6} = \frac{2 \times 1}{3 \times 6} =$ ______

3. $\frac{5}{6} \times \frac{2}{7} = \frac{5 \times 2}{6 \times 7} =$ ______

4. $\frac{4}{9} \times \frac{2}{3} = \frac{4 \times 2}{9 \times 3} =$ ______

Práctica de destrezas

• **Multiplica. Escribe el resultado en su mínima expresión.**

5. $\frac{1}{6} \times \frac{2}{7} =$ ______

6. $\frac{4}{5} \times \frac{2}{3} =$ ______

7. $\frac{2}{9} \times \frac{1}{3} =$ ______

8. $\frac{5}{12} \times \frac{2}{5} =$ ______

9. $\frac{3}{4} \times \frac{5}{6} =$ ______

10. $\frac{3}{4} \times \frac{3}{8} =$ ______

11. $\frac{3}{5} \times \frac{2}{9} =$ ______

12. $\frac{2}{5} \times \frac{1}{6} =$ ______

13. $\frac{3}{8} \times \frac{1}{6} =$ ______

14. $\frac{3}{8} \times \frac{4}{5} =$ ______

15. $\frac{3}{10} \times \frac{3}{4} =$ ______

16. $\frac{5}{6} \times \frac{3}{7} =$ ______

Nombre ______________________________

CAPÍTULO 14

Destrezas en acción

Multiplica decimales

Aprende

Multiplica: 1.8 × 6.2

Estima el producto.

Piensa: 1.8 es casi 2, y 6.2 es aproximadamente 6.
El producto es aproximadamente 2 x 6, ó 12.

Multiplica como con números enteros.	Pon el punto decimal en el producto.	
1.8	1.8	←1 posición decimal
× 6.2	× 6.2	←1 posición decimal
36	36	
+ 1080	+ 1080	
1116	11.16	←2 posiciones decimales

Para colocar el punto decimal en el producto, puedes estimar o contar el número de posiciones decimales.

Inténtalo

• **Estima o cuenta el número de posiciones decimales para colocar el punto decimal en el producto.**

1. 0.8 × 9.3 = 7.44 **2.** 5.7 × 8.4 = 47.88 **3.** 1.6 × 3.2 = 5.12

4. 5.9 × 0.4 = 2.36 **5.** 1.1 × 7.4 = 8.14 **6.** 2.9 × 3.8 = 11.02

Práctica de destrezas

• **Multiplica.**

7. 4.8 × 0.6 = ______ **8.** 3.7 × 1.6 = ______

9. 11.4 × 5.3 = ______ **10.** 9.3 × 6.7 = ______

11. 8.1 × 3.4 = ______ **12.** 5.7 × 2.3 = ______

13. 2.6 × 2.9 = ______ **14.** 3.9 × 6.5 = ______

15. 1.9 × 7.3 = ______ **16.** 8.8 × 0.3 = ______

Nombre ______________________________

CAPÍTULO 14
Destrezas en acción

Fracciones impropias y decimales

Aprende

Una fracción representa una división. Por lo tanto, para convertir una fracción en un número decimal, divide el numerador entre el denominador. A veces hay que añadir ceros en el dividendo para completar la división. A veces también es necesario redondear el cociente para escribir el decimal.

¿Qué puedo hacer?
Quiero convertir una fracción impropia en un número decimal.

Convierte $\frac{54}{8}$ en decimal.

```
     6.75      ←Escribe ceros en el dividendo
8 )54.00         para continuar la división.
  −48↓
    60
   −56↓
     40
    −40
      0
```

Por lo tanto, $\frac{54}{8} = 6.75$

Convierte $\frac{23}{6}$ en decimal.

```
     3.833←Escribe ceros en el dividendo
6 )23.000    para continuar la división.
  −18↓
     50
    −48
      20
     −18
       20
      −18
        2←El patrón se repite, así que redondea
           el cociente al centésimo más cercano.
```

Por lo tanto, $\frac{23}{6} = 3.83$, redondeando al centésimo más cercano.

Inténtalo

Usa los cocientes para convertir las fracciones impropias en números decimales.

1. $\frac{29}{4}$ = ______

   $4\,\overline{)29.00}$ = 7.25

2. $\frac{72}{5}$ = ______

   $5\,\overline{)72.0}$ = 14.4

3. $\frac{46}{9}$ = ______

   $9\,\overline{)46.000}$ = 5.111

4. $\frac{35}{8}$ = ______

   $8\,\overline{)35.000}$ = 4.375

Nombre ____________________

Completa los cocientes para convertir las fracciones impropias en números decimales. Si es necesario, redondea al centésimo más cercano.

5. $\frac{55}{4}$ = ______ **6.** $\frac{31}{5}$ = ______ **7.** $\frac{25}{6}$ = ______ **8.** $\frac{19}{8}$ = ______

$4\overline{)55.00}$ $5\overline{)31.0}$ $6\overline{)25.000}$ $8\overline{)19.000}$

Práctica de destrezas

• Convierte las fracciones impropias en números decimales. Si es necesario, redondea al milésimo más cercano.

9. $\frac{38}{5}$ = ______ **10.** $\frac{87}{4}$ = ______

11. $\frac{21}{2}$ = ______ **12.** $\frac{45}{4}$ = ______

13. $\frac{16}{9}$ = ______ **14.** $\frac{76}{3}$ = ______

15. $\frac{29}{5}$ = ______ **16.** $\frac{57}{6}$ = ______

17. $\frac{43}{4}$ = ______ **18.** $\frac{37}{8}$ = ______

19. $\frac{15}{2}$ = ______ **20.** $\frac{48}{5}$ = ______

21. $\frac{35}{9}$ = ______ **22.** $\frac{22}{4}$ = ______

23. $\frac{20}{9}$ = ______ **24.** $\frac{74}{3}$ = ______

25. $\frac{52}{8}$ = ______ **26.** $\frac{34}{9}$ = ______

27. $\frac{25}{8}$ = ______ **28.** $\frac{45}{6}$ = ______

29. $\frac{14}{4}$ = ______ **30.** $\frac{76}{5}$ = ______

31. $\frac{34}{6}$ = ______ **32.** $\frac{12}{8}$ = ______

Nombre____

CAPÍTULO 14
Destrezas en acción

Fracciones y gráficas circulares

Aprende

¿Qué puedo hacer?
Quiero leer una gráfica circular.

La gráfica muestra las frutas que más gustan a los estudiantes de la clase de quinto grado del Sr. Alemo.

Fruta favorita

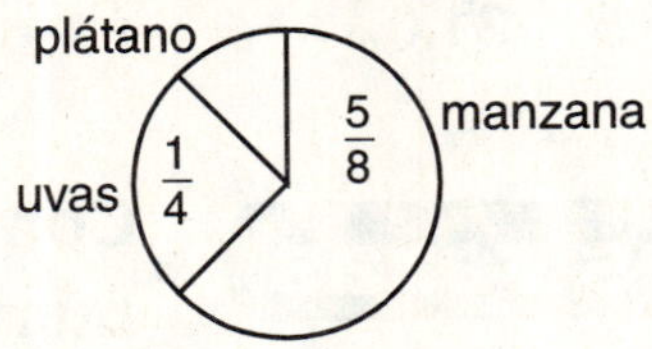

¿Qué fracción de los estudiantes eligieron el plátano?

Suma para hallar la fracción de los estudiantes que eligieron la manzana y las uvas: $\frac{5}{8} + \frac{1}{4} = \frac{5}{8} + \frac{2}{8} = \frac{7}{8}$

Resta ese número a 1 para hallar la fracción de los estudiantes que eligieron el plátano: $1 - \frac{7}{8} = \frac{8}{8} - \frac{7}{8} = \frac{1}{8}$

Por lo tanto, $\frac{1}{8}$ de los estudiantes eligieron el plátano.

Inténtalo

• **Usa la gráfica circular. Completa para contestar las preguntas.**

Deporte favorito

1. ¿Qué fracción de los estudiantes eligieron atletismo? La fracción de los estudiantes que eligieron otro deporte es: $\frac{1}{4} + \frac{1}{4} + \frac{3}{8} = \frac{\_}{8} + \frac{\_}{8} + \frac{3}{8} = \frac{\_}{8}$

Por lo tanto, la fracción de los estudiantes que eligieron atletismo es:

$1 - \frac{\_}{8} = \frac{8}{8} - \frac{\_}{8} =$ _____

2. ¿Qué decimal equivale a la fracción de los estudiantes que eligieron fútbol?

Piensa: $\frac{1}{4} = 1 \div 4 =$ _____

3. ¿Qué fracción de los estudiantes eligieron fútbol y béisbol?
Piensa: $\frac{1}{4} + \frac{1}{4} =$ _____

Nombre____

Práctica de destrezas

• **Usa las gráficas y contesta las preguntas. Redondea al centésimo más cercano si es necesario.**

Materia favorita

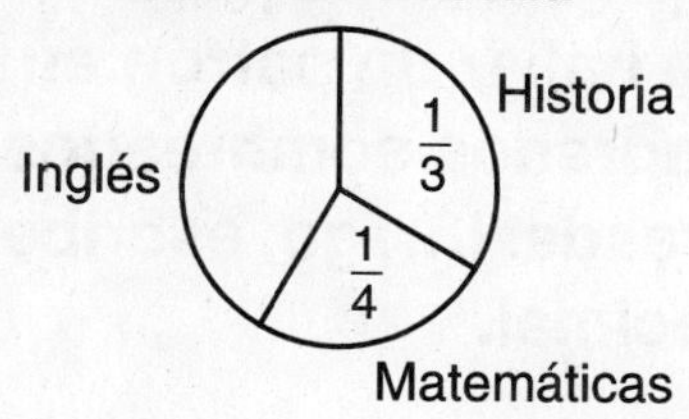

4. ¿Qué fracción de los estudiantes eligieron inglés?_____

5. ¿Qué decimal equivale a la fracción de los estudiantes que prefieren historia?______

6. ¿Qué fracción de los estudiantes eligieron historia y matemáticas?_____

7. ¿Qué fracción de los estudiantes no eligieron historia?________

Música favorita

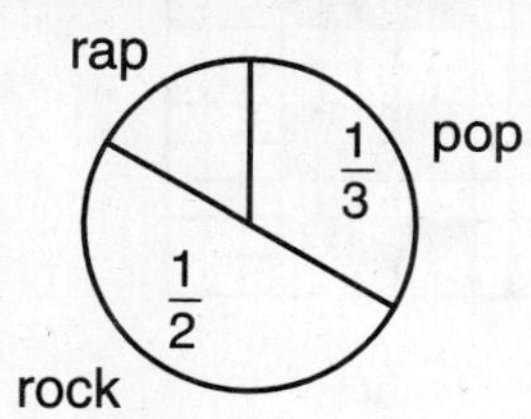

8. ¿Qué fracción de los estudiantes eligieron el rap?_____

9. ¿Qué decimal equivale a la fracción de los estudiantes que eligieron el rock?_____

10. ¿Qué fracción de los estudiantes eligieron el rap o el rock?_____

11. ¿Qué fracción de los estudiantes no eligieron el rap?_____

Nombre ____

CAPÍTULO 14 ¡Tú puedes!

Dibujos en cuadrículas

Puedes escribir un decimal o una fracción para representar la parte sombreada de una cuadrícula de 10 por 10. Intenta hallar un patrón en cada cuadrícula que te ayude a contar el número de cuadrados sombreados. Escribe un decimal que represente la parte sombreada. Luego, escribe una fracción en su mínima expresión equivalente al decimal.

1. 

____

2. 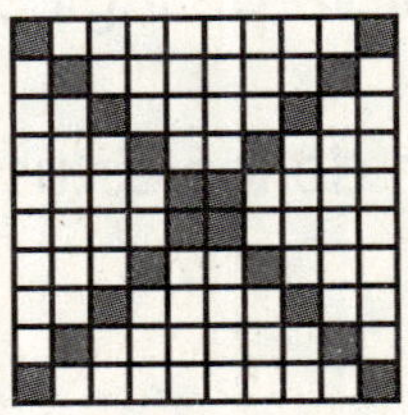

____

3. 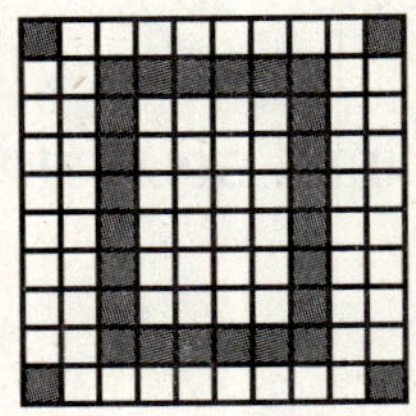

____

4. 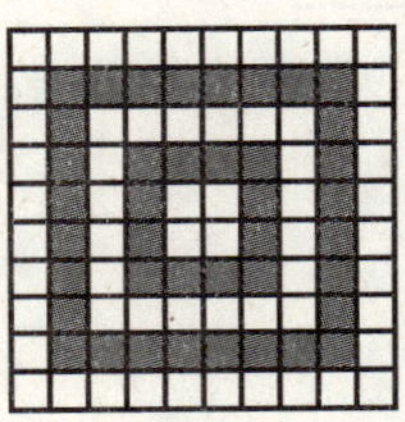

____

5. 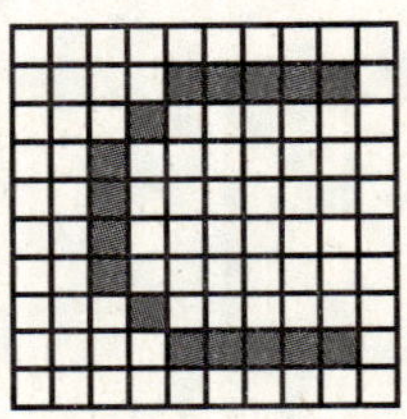

____

6. 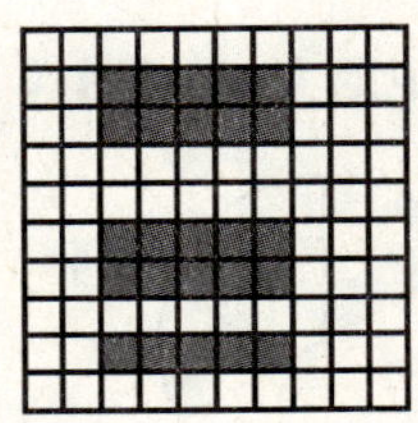

____

7. 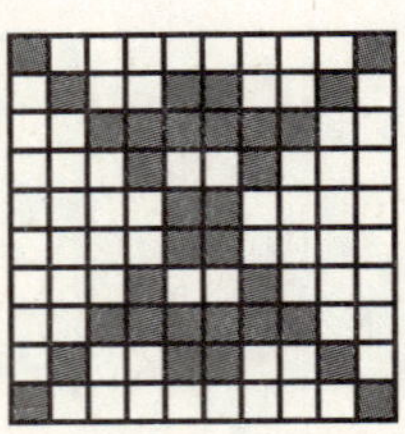

____

8. 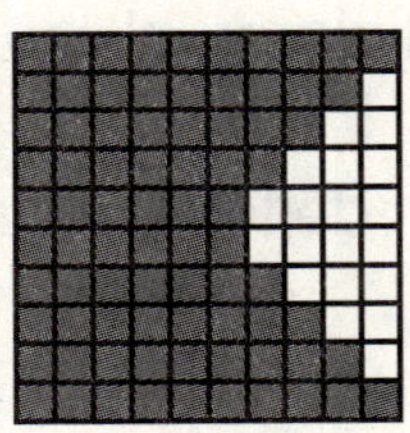

____

9. 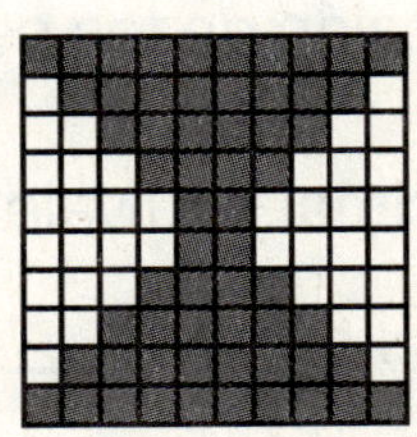

____

10. 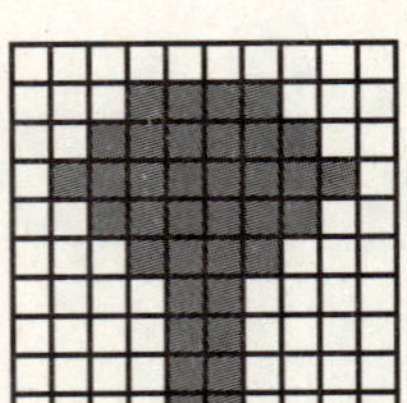

____

11. 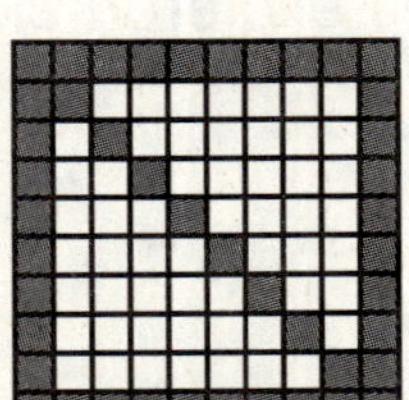

____

12. 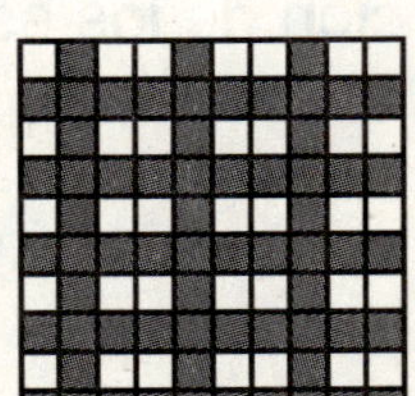

____

Nombre ____

Escribe decimales equivalentes a las fracciones. Si es necesario, redondea el decimal al centésimo más cercano. Luego, colorea las cuadrículas para mostrar los decimales.

13. 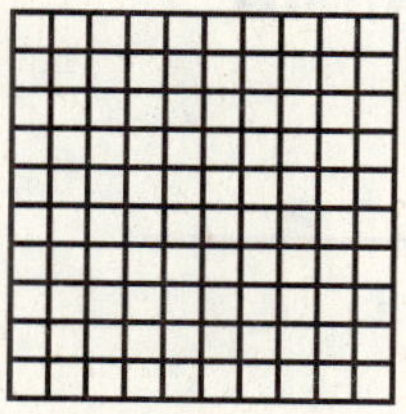

$\frac{3}{10}$ __________

14. 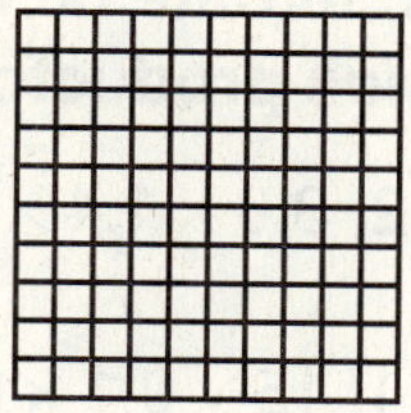

$\frac{13}{25}$ __________

15. 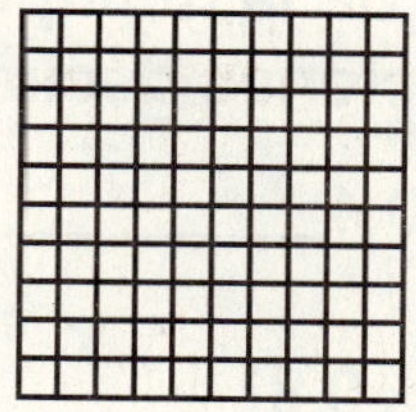

$\frac{7}{20}$ __________

16. 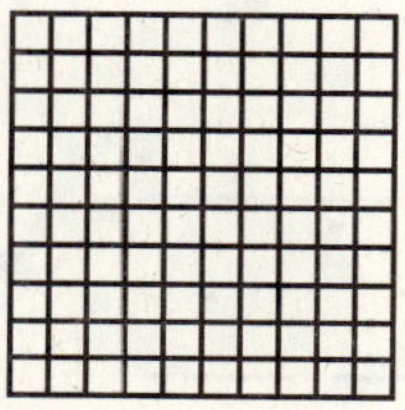

$\frac{3}{4}$ __________

17. 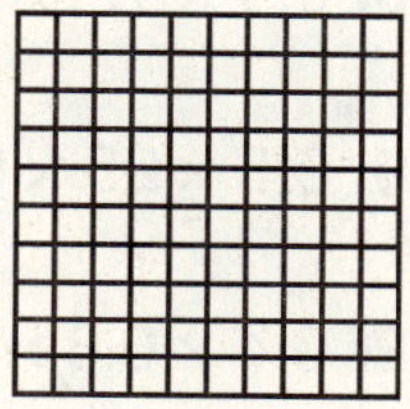

$\frac{39}{50}$ __________

18. 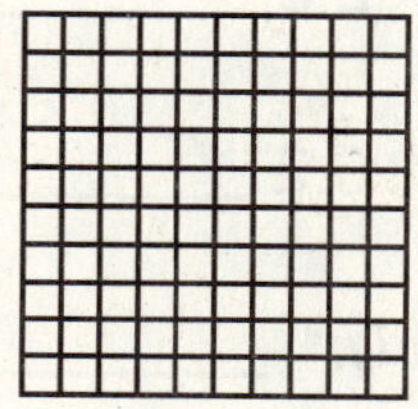

$\frac{2}{5}$ __________

19. 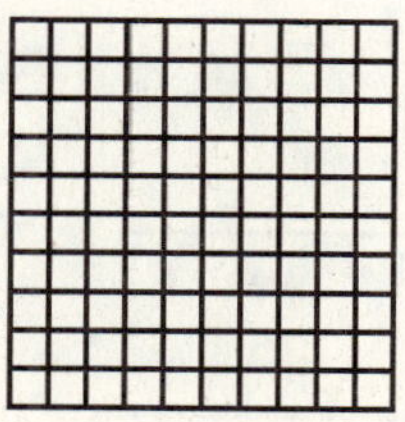

$\frac{4}{9}$ __________

20. 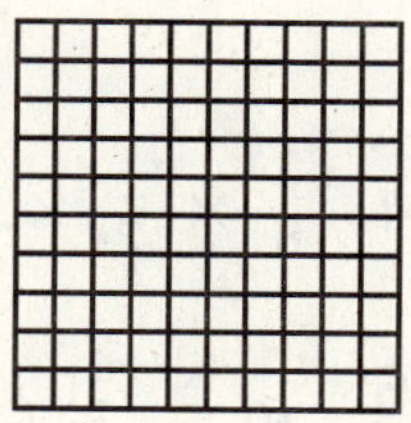

$\frac{2}{3}$ __________

21. 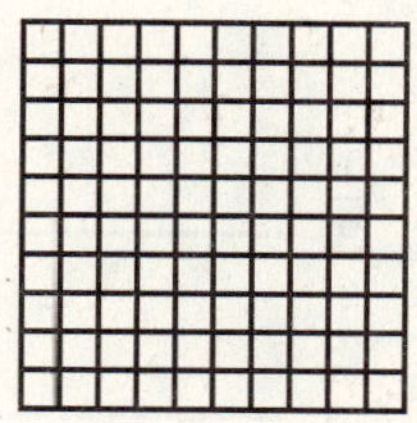

$\frac{15}{30}$ __________

22. 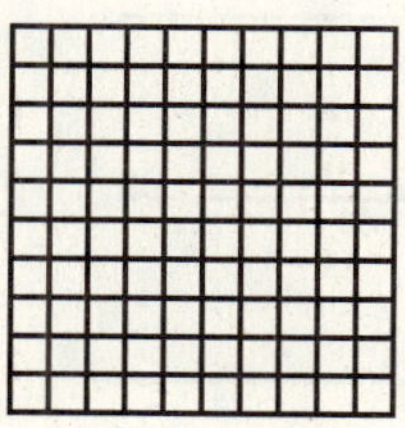

$\frac{1}{5}$ __________

23. 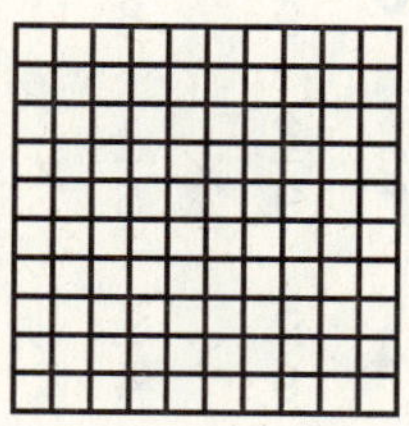

$\frac{3}{12}$ __________

24. 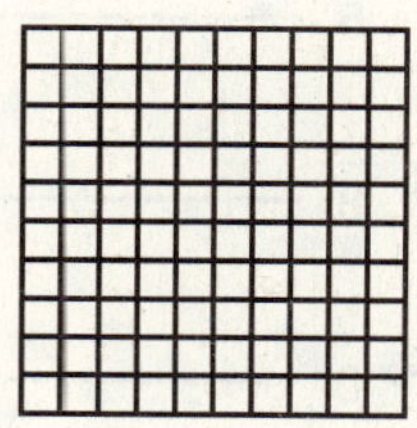

$\frac{5}{6}$ __________

Nombre ______________________________

CAPÍTULO 14 ¡Tú puedes!

Sentido de la multiplicación

Puedes multiplicar tres números decimales cualesquiera. Usa las propiedades de la multiplicación y acuérdate de contar el número total de posiciones decimales. Halla los productos.

1. $3 \times 1.2 \times 0.4$ ____________

2. $3.6 \times 1.4 \times 8$ ____________

3. $0.1 \times 0.3 \times 0.8$ ____________

4. $15 \times 0.1 \times 0.1$ ____________

5. $9 \times 0.2 \times 2.1$ ____________

6. $0.5 \times 0.3 \times 0.7$ ____________

7. $1.8 \times 0.2 \times 2.3$ ____________

8. $0.4 \times 1.4 \times 10$ ____________

9. $3.6 \times 0.8 \times 0.2$ ____________

10. $0.5 \times 25 \times 0.5$ ____________

11. $24 \times 2.3 \times 0.1$ ____________

12. $0.4 \times 0.8 \times 0.7$ ____________

Puedes multiplicar tres fracciones cualesquiera. Usa las propiedades de la multiplicación. Halla los productos. Escribe el resultado en su mínima expresión.

13. $\frac{5}{9} \times \frac{1}{5} \times \frac{1}{3}$ ____________

14. $\frac{3}{8} \times \frac{1}{2} \times \frac{1}{4}$ ____________

15. $\frac{1}{6} \times \frac{1}{12} \times \frac{3}{4}$ ____________

16. $\frac{3}{10} \times \frac{2}{3} \times \frac{1}{5}$ ____________

17. $\frac{1}{6} \times \frac{1}{4} \times \frac{1}{2}$ ____________

18. $\frac{7}{8} \times \frac{1}{4} \times \frac{1}{7}$ ____________

19. $\frac{1}{3} \times \frac{5}{8} \times \frac{1}{5}$ ____________

20. $\frac{1}{9} \times \frac{1}{8} \times \frac{2}{3}$ ____________

21. $\frac{5}{6} \times \frac{3}{5} \times \frac{1}{8}$ ____________

22. $\frac{2}{9} \times \frac{1}{5} \times \frac{1}{2}$ ____________

23. $\frac{7}{8} \times \frac{4}{5} \times \frac{5}{6}$ ____________

24. $\frac{5}{9} \times \frac{3}{4} \times \frac{3}{10}$ ____________

Nombre ______________________

Puedes multiplicar una fracción y un decimal. Convierte las fracciones de abajo en decimales y escribe las operaciones como si fueran multiplicaciones de dos decimales. Luego, multiplica los decimales.

25. $6.2 \times \frac{1}{4}$ ______________________

26. $\frac{13}{5} \times 1.3$ ______________________

27. $\frac{17}{10} \times 2.6$ ______________________

28. $0.7 \times \frac{3}{4}$ ______________________

29. $\frac{9}{2} \times 3.5$ ______________________

30. $7.4 \times \frac{12}{5}$ ______________________

31. $\frac{33}{10} \times 4.2$ ______________________

32. $9.7 \times \frac{19}{2}$ ______________________

33. $\frac{11}{2} \times 1.8$ ______________________

34. $\frac{4}{5} \times 2.7$ ______________________

Escribe y resuelve una multiplicación de una fracción impropia por un decimal. Explica cómo elegiste los números.

35. ______________________

____

____